全国计算机技术与软件专业技术资格（水平）考试辅导用书

信息系统项目管理师0基础3天

精通计算和案例

韦建召　李志霞　主编

·北京·

内 容 提 要

本书是针对全国计算机技术与软件专业技术资格（水平）考试而编写的备考辅导用书，本书根据历年的信息系统项目管理师考试真题编写，囊括了21世纪初至21世纪20年代最新的考试计算大题，所有计算大题都做了详细全面地分析和解答，并配以视频讲解！同时对案例题答题技巧和论文写作技巧也做了战略和战术上的剖析，并提出应对方法。

本书是信息系统项目管理师考试应试者必读之书，也可作为信息化教育的培训与辅导用书，还可作为高等院校相关专业的教学与参考用书。

图书在版编目（CIP）数据

信息系统项目管理师0基础3天精通计算和案例 / 韦建召，李志霞主编. -- 北京 : 中国水利水电出版社，2021.2(2022.8重印)
ISBN 978-7-5170-9446-3

Ⅰ. ①信… Ⅱ. ①韦… ②李… Ⅲ. ①信息系统一项目管理一资格考试一自学参考资料 Ⅳ. ①G202

中国版本图书馆CIP数据核字(2021)第036489号

书 名	信息系统项目管理师 0 基础 3 天精通计算和案例 XINXI XITONG XIANGMU GUANLISHI 0 JICHU 3 TIAN JINGTONG JISUAN HE ANLI
作 者	韦建召 李志霞 主编
出版发行	中国水利水电出版社 （北京市海淀区玉渊潭南路 1 号 D 座 100038） 网址：www.waterpub.com.cn E-mail：sales@mwr.gov.cn 电话：（010）68545888（营销中心）
经 售	北京科水图书销售有限公司 电话：（010）68545874、63202643 全国各地新华书店和相关出版物销售网点
排 版	中国水利水电出版社微机排版中心
印 刷	北京印匠彩色印刷有限公司
规 格	184mm×260mm 16 开本 5.75 印张 138 千字
版 次	2021 年 2 月第 1 版 2022 年 8 月第 3 次印刷
印 数	4001—7000 册
定 价	**32.00** 元

一直以来，绝大部分人把学习和考试混为一谈，认为学习好一定能考得好，其实不然。事实上，学习和考试是有本质的区别。会学习，不等于会考试；而会考试，则一定会学习。

参与学习，其身份是学生；参加考试，其身份是考生。考生和学生的最大差异就是面对题目时候的“思维方向”。思维和努力没关系，和智力关系亦不大，它是大多数人潜意识中认识事物的方式、看待问题的角度以及思考问题的途径。思维是可以点拨、可以训练的，俗话说就是“开窍”。对考题来说，与其研究为什么，不如研究如何做。到现在还在研究为什么这么做的，是个学生，开始研究做题方法、解题入手点的，才是考生。

绝大多数同学对考试的认识还远远不够，还停留在以“被迫吸收”的方式学习为主，“主动出击”的很少。考试的特性决定了你们不得不面对题海战术，因此，你们必须化被动接受知识的“学生”为主动参与考试的“考生”。仔细观察身边那些优秀的人，你们会发现，他们喜欢主动钻研学科（非知识，而是试题），并把钻研上升为一种兴趣，他们这种主动钻研的过程，其实就是从“学生”转变为“考生”的过程。

很简单，我们要真正站在考试的角度出发，思考这道题为什么要这么做。站在出题者的角度看问题，他问什么，你们回答什么，关注问题本身。

本书从考试的角度帮助考生归纳、总结知识点，并辅以特有的速记法则，让考生在有限的时间里掌握并记忆，以达到顺利通过考试的目的。

计算机技术与软件专业技术资格（水平）考试，计算题是极其重要的版块，很关键，也是难点，且它的本质就是考试！因此，你必须把思维转变过来方得以达到目标——通过考试！

特向广大考生推荐此书，因为它无疑是一本非常实用的考试之道！

西安理工大学自动化与信息工程学院博士、副教授

陕西省自动化学会教育及普及委员会委员

2021年2月10日

于西安

前言

计算机技术与软件专业技术资格（水平）考试中的信息系统项目管理师考试是由工业和信息化部和人力资源社会保障部联合举办的国家级考试，每年考两次，分别是5月下旬和11月上旬。近年来，每年全国共有40多万人参加考试，其中广东省超14万人。正常而言，要想顺利通过考试，唯有全面地、系统地复习。俗话说，读书破万卷，下笔如有神！该考试正常的备考时间是6个月左右。但是，由于大多考生是一边上班工作、一边抽零星的时间备考；甚至不少考生只有2～3个月时间备考；更甚，有些考生工作忙经常加班，根本没时间备考；还有一部分考生，平时无论如何都找不到学习状态，只有临考前的一两个星期才紧张起来。

基于上述原因，应对的办法之一是：必须抓住考试的关键瓶颈！

信息系统项目管理师的考试由三场考试组成，第一场是标准考试，全部是单选题；第二场考试是计算大题和案例分析题；第三场考试是论文。从历年考试的通过率来看，第二场考试的得分率和及格率最低，而其中的最关键部分，就是计算大题！可以这么说，掌握了计算大题，第二场考试基本就拿下了！基此原因，本书由此诞生！本书的答案精析，特别是视频讲解，曾助力不少考生短期内突击计算题过关！但是，突击、抱佛脚，并不是本书的初衷！本书的内涵是：以点带面，进而促使考生举一反三、触类旁通，在瞬息万变的环境当中以最优的时间成本达到自己的学习和考试目标。本书的视频讲解是一大特色，讲解清晰、逻辑严密且通俗易懂，辅以视频，在3天的时间内足以理解通透、熟练掌握并精通。在以往的面授课当中，这些讲解方法深受学员好评！

韦建召

2021年1月

目录

第二部分　信息系统项目管理师历年计算大题答案精析及视频讲解

第三部分　信息系统项目管理师案例和论文常见考点与战略信心

2006 上半年、2007 上半年、2020 年上半年因未开考无试题；2005 上半年、2007 下半年、2008 年、2009 年、2010 年上半年、2011 年上半年、2012 年下半年考题未涉及计算大题。

1 第一部分

信息系统项目管理师
历年计算大题

➢ 2005 年下半年计算大题

阅读以下关于成本管理的叙述，回答问题 1 至问题 3，将解答填入答题纸的对应栏内。(25 分)

[说明] 一个预算 100 万元的项目，为期 12 周，现在工作进行到第八周。已知成本预算是 64 万元，实际成本支出是 68 万元，挣值为 54 万元。

[问题 1] (8 分)

请计算成本偏差（CV)、进度偏差（SV)、成本绩效指数 CPI、进度绩效指数 SPI。

[问题 2] (5 分)

根据给定数据，近似画出该项目的预算成本、实际成本和挣值图。

[问题 3] (12 分)

对以下四幅图，分别分析其所代表的效率、进度和成本等情况，针对每幅图所反映的问题，可采取哪些调整措施？

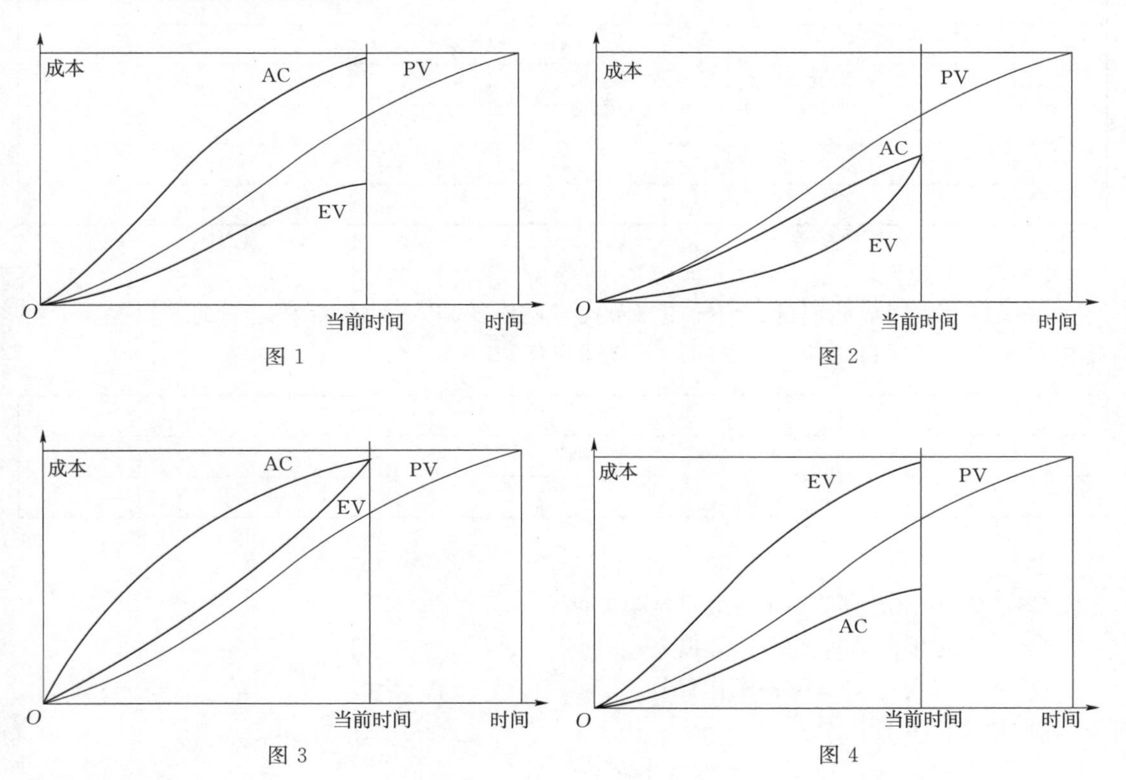

图 1　图 2　图 3　图 4

➢ 2006年下半年计算大题

阅读下述关于项目时间管理的说明，回答问题1至问题3，将解答填入答题纸的对应栏内。(25分)

[说明]

小张是负责某项目的项目经理。经过工作分解后，此项目的范围已经明确，但是为了更好地对项目的开发过程进行有效监控，保证项目按期、保质地完成，小张需要采用网络计划技术对项目进度进行管理。经过分析，小张得到了一张表明工作先后关系及每项工作的初步时间估计的工作列表，如下所示：

工作代号	紧前工作	历时/天
A	—	5
B	A	2
C	A	8
D	B、C	10
E	C	5
F	D	10
G	D、E	15
H	F、G	10

[问题1] (15分)

请根据上表完成此项目的前导图（单代号网络图），表明各活动之间的逻辑关系，并指出关键路径和项目工期。结点用以下样图标识。

<table>
<tr><td>ES</td><td colspan="2">DU</td><td>EF</td></tr>
<tr><td colspan="4">ID</td></tr>
<tr><td colspan="2">LS</td><td colspan="2">LF</td></tr>
</table>

图例：

ES：最早开始时间　EF：最早结束时间

LS：最迟开始时间　LF：最迟完成时间

DU：工作历时　　ID：工作代号

[问题2] (6分)

请分别计算工作B、C和E的自由浮动时间。

[问题3] (4分)

为了加快进度，在进行工作G时加班赶工，因此将该项工作的时间压缩了7天（历时8天）。请指出此时的关键路径，并计算工期。

➢ 2010年下半年计算大题

阅读下面说明，回答问题1至问题3，将解答填入答题纸的对应栏目内。(25分)

[说明]

某项目经理将其负责的系统集成项目进行了工作分解，并对每个工作单元进行了成本估算，得到其计划成本。第4个月月底时，各任务的计划成本、实际成本及完成百分比见下表：

任务名称	计划成本/万元	实际成本/万元	完成百分比/%
A	10	9	80
B	7	6.5	100
C	8	7.5	90
D	9	8.5	90
E	5	5	100
F	2	2	90

[问题1] (10分)

请分别计算该项目在第4个月底的PV、EV、AC值，并写出计算过程。请从进度和成本两方面评价此项目的执行绩效如何，并说明依据。

[问题2] (5分)

有人认为：项目某一阶段实际花费的成本（AC）如果小于计划支出成本（PV），说明此时项目成本是节约的，你认为这种说法对吗？请结合本题说明原因。

[问题3] (10分)

(1) 如果从第5个月开始，项目不再出现成本偏差，则此项目的预计完工成本(EAC)是多少？

(2) 如果项目仍按目前状况继续发展，则此项目的预计完工成本（EAC）是多少？

(3) 针对项目目前的状况，项目经理可以采取什么措施？

➢ 2011年下半年计算大题

阅读下面说明，回答问题1至问题3，将解答填入答题纸的对应栏目内。（25分）

［说明］ 张某是M公司的项目经理，有着丰富的项目管理经验，最近负责某电子商务系统开发的项目管理工作。该项目经过工作分解后，范围已经明确。为了更好地对项目的开发过程进行监控，保证项目顺利完成，张某拟采用网络计划技术对项目进度进行管理。经过分析，张某得到了一张工作计划表（表1）。

表1 工作计划表

工作代号	紧前工作	计划工作历时/天	最短工作历时/天	每缩短一天所需增加的费用/万元
A	—	5	4	5
B	A	2	2	
C	A	8	7	3
D	B、C	10	9	2
E	C	5	4	1
F	D	10	8	2
G	D、E	11	8	5
H	F、G	10	9	8

注 每天的间接费用1万元。

事件1：为了表明各活动之间的逻辑关系，计算工期，张某将任务及有关属性用以下样图表示，然后根据工作计划表，绘制单代号网络图。

ES	DU	EF
	ID	
LS		LF

其中，ES表示最早开始时间；EF表示最早结束时间；LS表示最迟开始时间；LF表示最迟结束时间；DU表示工作历时；ID表示工作代号。

事件2：张某的工作计划得到了公司的认可，但是项目建设方（甲方）提出，因该项目涉及融资，希望项目工期能够提前2天，并可额外支付8万元的项目款。

事件3：张某将新的项目计划上报给了公司，公司请财务部估算项目的利润。

［问题1］（13分）

（1）请按照事件1的要求，帮助张某完成此项目的单代号网络图。

（2）指出项目的关键路径和工期。

［问题 2］（6 分）

在事件 2 中，请简要分析张某应如何调整工作计划，才能既满足建设方的工期要求，又尽量节省费用。

［问题 3］（6 分）

请指出事件 3 中，财务部估算的项目利润因工期提前变化了多少，为什么？

➢ 2012年上半年计算大题

题一 阅读下列说明，回答问题1至问题3，将解答填入答题纸的对应栏内。(25分)

[说明] A公司是一家专门从事系统集成和应用软件开发的公司，目前有员工100多人，分属销售部、软件开发部、系统网络部等业务部门。公司销售部主要负责服务和产品的销售工作，将公司现有的产品推销给客户，同时也会根据客户的具体需要，承接信息系统集成项目，并将其中应用软件的研发任务交给软件开发部实施。

经过招投标，A公司承担了某银行的系统集成项目，合同规定，5月1日之前必须完成，并且进行试运行。合同签订后，项目的软件开发任务由软件开发部负责，硬件与网络由系统网络部负责设计与实施。王工担任这个项目的项目经理。王工根据项目需求，组建了项目团队，团队分成软件开发小组和网络集成小组，其中软件开发小组组长是赵工，网络集成小组组长是刘工。王工制定了项目进度计划，图1和表1为该项目的进度网络图和工期。

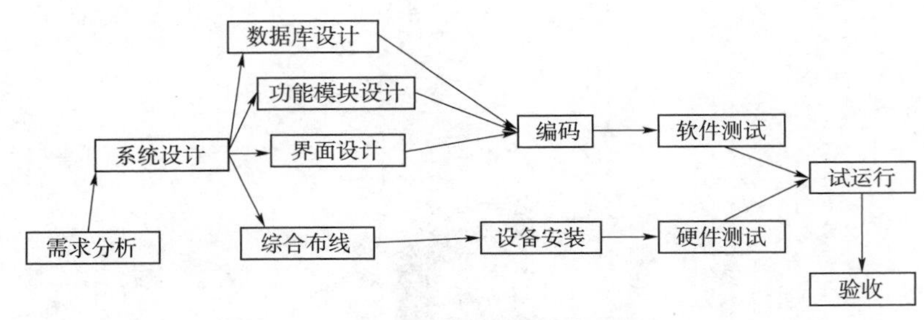

图1 项目的进度网络图

表1 **项 目 工 期**

活动排序	活动排序	工期/天
1	需求分析	30
2	系统设计	20
3	界面设计	20
4	功能模块设计	25
5	数据库设计	20
6	编码	50
7	软件测试	20
8	综合布线	60
9	设备安装	20
10	硬件测试	10
11	试运行	20
12	验收	2

软件开发中，发现有两个需求定义得不够明确，因此增加了一些功能，导致功能模块设计延长了 5 天。网络集成过程中，由于涉及物联网等新技术，综合布线延迟了 5 天，接着采购的一个新设备没有按时到货，到货之后在调试过程中遇到了以前没有遇到的问题，使网络设备安装调试延迟了 7 天。两个小组分别通过电话向各自部门通报项目进展，而网络集成工作是在用户现场进行的，因此阿络集成的进度状况在公司总部进行开发工作的软件开发小组并不了解。上述问题导致了项目整体进度的拖延，绩效状况不佳。

[问题 1]（10 分）

项目原计划的工期是________天，如不采取措施，项目最后完工的工期是________天，这是因为__________、________等活动的工期变化，导致了关键路径的变化。如果想尽量按照原来的预期完成工作，而使增加成本最少，最常采用的措施应是______________________________等。

请你将上面的叙述补充完整（将空白处应填写的恰当内容写在答题纸的对应栏内）。

[问题 2]（6 分）

分析案例中发生问题的可能原因。

[问题 3]（9 分）

结合案例，说明王工应如何实施进度控制？采用的工具与技术有哪些？

题二 阅读下述说明，回答问题 1 至问题 4，将解答填入答题纸的对应栏内。（25 分）

[说明] 某项目进入详细设计阶段后，项目经理为后续活动制定了如图 2 所示的网络计划图，图中的“△”标志代表开发过程的一个里程碑，此处需进行阶段评审，模块 1 和模块 2 都要通过评审后才能开始修复。

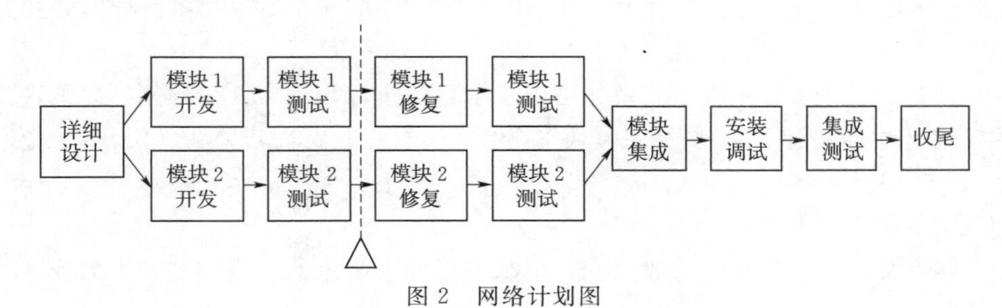

图 2 网络计划图

项目经理对网络图中的各活动进行了成本估算，估计每人每天耗费的成本为 1000 元，安排了各活动的人员数量并统计了模块 1、模块 2 的开发和测试活动的工作量（表 2），其中阶段评审活动不计入项目组的时间和人力成本预算。

表 2 人员数量及工作量

活动	人数安排/人	预计完成工作量/(人·天)
模块 1 开发	8	48
模块 1 测试	1	3

续表

活　动	人数安排/人	预计完成工作量/(人·天)
模块 1 修复	8	8
模块 1 测试	1	2
模块 2 开发	10	80
模块 2 测试	1	3
模块 2 修复	10	10
模块 2 测试	1	2

[问题 1]（3 分）

请计算该项目自模块开发起至模块测试全部结束的计划工期。

[问题 2]（10 分）

详细设计完成后，项目组用了 11 天才进入阶段评审。在阶段评审中发现：模块 1 开发已完成，测试尚未开始；模块 2 的开发和测试均已完成，修复工作尚未开始，模块 2 的实际工作量比计划多用了 3 人·天。

（1）请计算自详细设计完成至阶段评审期间模块 1 的 PV、EV、AC，并评价其进度和成本绩效。

（2）请计算自详细设计完成至阶段评审期间模块 2 的 PV、EV、AC，并评价其进度和成本绩效。

[问题 3]（8 分）

（1）如果阶段评审未做出任何调整措施，项目仍按当前状况进展，请预测从阶段评审结束到软件集成开始这一期间模块 1、模块 2 的 ETC（完工尚需成本）（给出公式并计算结果）。

（2）如果阶段评审后采取了有效的措施，项目仍按计划进展，请预测从阶段评审结束到软件集成开始这一期间模块 1、模块 2 的 ETC（完工尚需成本）（给出公式并计算结果）。

[问题 4]（4 分）

请结合软件开发和测试的一般过程，指出项目经理制定的网络计划和人力成本预算中存在的问题。

➢ 2013年上半年计算大题

阅读下列说明，回答问题1至问题4，将解答填入答题纸的对应栏内。(25分)

[说明] W公司与所在城市电信运营商Z公司签订了该市的通信运营平台建设合同。W公司为此成立了专门的项目团队，由李工担任项目经理，参加项目的还有监理单位和第三方测试机构。李工对项目工作进行了分解，制作出如下表所示的任务清单。经过分析后李工认为进度风险主要来自需求分析与确认环节，因此在活动清单定义的总工期基础上又预留了4周的应急储备时间。该进度计划得到了Z公司和监理单位的认可。

代号	任务	紧前工作	持续时间/周
A	项目启动与人员、资源调配	—	8
B	需求分析与确认	A	4
C	总体设计	B	4
D	总体设计评审和修订	B	2
E	详细设计（包括软硬件）	C、D	10
F	编码、单元测试、集成测试	E	15
G	硬件安装与调试	B	4
H	现场安装与软硬件联合调试	F、G	8
I	第三方测试	H	8
J	系统试运行与用户培训	I	2

在项目启动与人员、资源调配（任务A）阶段，李工经过估算后发现编码、单元测试、集成测试（任务F）的技术人员不足。经公司领导批准后，公司人力资源部开始招聘技术人员，项目前期工作进展顺利，进入详细设计（任务E）后，负责任务E的骨干老杨提出，详细设计小组前期没有参加需求调研和确认，对需求文档的理解存在疑问。经过沟通后，李工邀请Z公司用户代表和项目团队相关人员召开了一次推进会议。会后老杨向李工提出，由于先前对部分用户需求的理解有误，需延迟4周才可完成详细设计。考虑到进度计划中已预留了4周的时间储备，李工批准了老杨的请求，并按原进度计划继续执行。

任务E延迟4周完成后，项目组织开始编码、单元测试、集成测试（任务F）。此时人力资源部招聘的新员工陆续到职，为避免进度延误，李工第一时间安排他们上岗。新招聘的员工大多是应届毕业生，即便有老员工带领，工作效率仍然不高。与此同时，W公司领导催促李工加快进度，李工只得组织新老员工加班。虽然他们每天加班，可最终还是用了20周才完成原来计划用15周完成的任务F。此时已临近春节假期，在李工的提议下，W公司决定让项目组在假期结束前提前1周入驻Z公司进行现场安装与软硬件联合调试。由于Z公司和监理单位春节期间只有值班人员，无法很好地配合项目组工作，导致联合调试工作进展不顺利。为了把延误的进度赶回来，经公司同意，春节后一上班，李工继续组织项目团队加班。此时许多成员都感到身心疲惫，工作效率下降，对项目经理的安排充满了抱怨。

[问题1]（8分）

根据任务清单画出七格图，并指出项目的关键路径、计算计划总工期、任务C和G的总时差（总浮动时间）。

[问题2]（6分）

结合本案例简要叙述项目经理在进度管理中存在的主要问题。

[问题3]（6分）

如果你是项目经理，请结合本案例简要叙述后续可采取哪些应对措施。

[问题4]（5分）

除了采取进度网络分析、关键路径法和进度压缩技术外，请指出李工在制订进度计划时还可以采用哪些方法或工具。

➢ 2013年下半年计算大题

题一 阅读下列说明，回答问题1至问题3，将解答填入答题纸的对应栏内。(25分)

[说明] 一个信息系统集成项目有A、B、C、D、E、F共6个活动，目前是第12个周末，活动信息如下：

活动A：持续时间5周，预算30万元，没有前置活动，实际成本35.5万元，已完成100%。

活动B：持续时间5周，预算70万元，前置活动为A，实际成本83万元，已完成100%。

活动C：持续时间8周，预算60万元，前置活动为B，实际成本17.5万元，已完成20%。

活动D：持续时间7周，预算135万元，前置活动为A，实际成本159万元，已完成100%。

活动E：持续时间3周，预算30万元，前置活动为D，实际成本0万元，已完成0%。

活动F：持续时间7周，预算70万元，前置活动为C和E，实际成本0万元，已完成0%。

项目在开始投入资金为220万元，第10周获得投入资金75万元，第15周获得投入资金105万元，第20周获得投入资金35万元。

[问题1] (12分)

请计算当前的成本偏差（CV）和进度偏差（SV），以及进度绩效指数（SPI）和成本绩效指数（CPI），并分析项目的进展情况。

[问题2] (10分)

分别按照非典型偏差和典型偏差的计算方式，计算项目在第13周末的完工尚需成本（ETC）和完工估算成本（EAC）。

[问题3] (3分)

在不影响项目完工时间的前提下，同时考虑资金平衡的要求，在第13周开始应该如何调整项目进度计划？

题二 阅读下列说明，回答问题 1 至问题 4，将解答填入答题纸的对应栏内。(25 分)

[说明] 项目组成员小张根据项目经理的要求绘制了项目 A 的 WBS 图（图 1），并根据工作量对项目的成本进行了分配，见表 1。

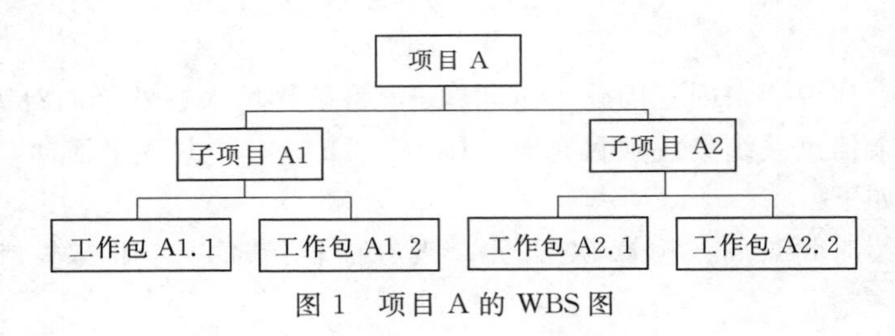

图 1 项目 A 的 WBS 图

表 1 **成本分配表**

项目		子项目		工作包	
名称	估算值/万元	名称	估算值/万元	名称	估算值/万元
A		A1		A1.1	12
				A1.2	14
		A2		A2.1	18
				A2.2	16

[问题 1]（3 分）

如果小张采取自下而上的估算方法。请计算 A1、A2、A 的估算值分别是多少？

[问题 2]（10 分）

在进行项目预算审批时，财务总监发现在 2012 年初公司实施过一个类似项目，当时的预算金额是 50 万元，考虑到物价因素增加 10%也是可接受的，财务总监要求据此更改预算，请根据财务总监的建议列出 A1、A2、A1.1、A2.1 的估算值以及项目的总预算。

[问题 3]（3 分）

项目经理认为该项目与公司 2012 年初实施的一个类似项目还是有一定区别的，为稳妥起见，就项目预算事宜，项目经理可以向公司财务总监提出何种建议。

[问题 4]（9 分）

除了自下而上的估算方法，本案例还应用了哪些成本估算方法？成本估算的工具和技术还有哪些？

➢ 2014年上半年计算大题

阅读下列说明，回答问题1至问题4，将解答填入答题纸的对应栏内。(25分)

[说明] 一个信息系统集成项目有A、B、C、D、E、F、G共7个活动。各个活动的顺序关系、计划进度和成本预算如下图所示，大写字母为活动名称，其后面括号中的第一个数字是该活动计划进度持续的周数，第二个数字是该活动的成本预算，单位是万元。该项目资金分三次投入，分别在第1周初、第10周初和第15周初投入资金。

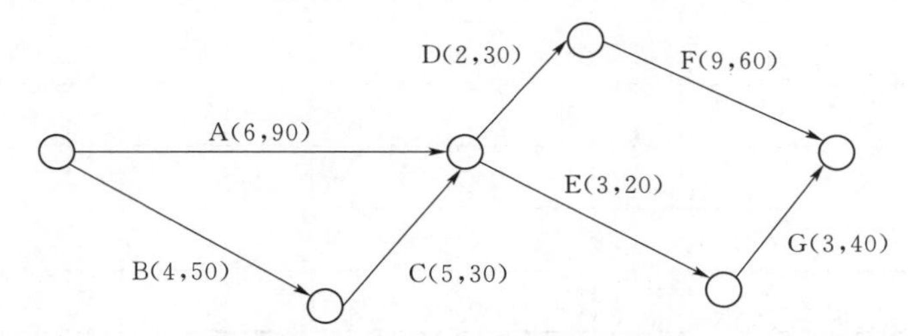

项目进行的前9周，第3周时因公司有临时活动停工1周。为赶进度，从其他项目组中临时抽调4名开发人员到本项目组。第9周末时，活动A、B和C的信息如下，其他活动均未进行。

活动A：实际用时8周，实际成本100万元，已完成100%；

活动B：实际用时4周，实际成本55万元，已完成100%；

活动C：实际用时5周，实际成本35万元，已完成100%。

从第10周开始，抽调的4名开发人员离开本项目组，这样项目进行到第14周末的情况如下，其中由于对活动F的难度估计不足，导致了进度和成本的偏差。

活动D：实际用时2周，实际成本30万元，已完成100%；

活动E：实际用时0周，实际成本0万元，已完成0；

活动F：实际用时3周，实际成本40万元，已完成20%；

活动G：实际用时0周，实际成本0万元，已完成0。

[问题1] (10分)

在不影响总体工期的前提下，制定能使资金最优化的资金投入计划。请计算三个资金投入点分别要投入的资金量并写出在此投入计划下项目各个活动的执行顺序。

[问题2] (5分)

请计算项目进行到第9周末时的成本偏差和进度偏差，并分析项目的进展情况。

[问题3] (5分)

请计算项目进行到第15周时的成本偏差和进度偏差，并分析项目的进展情况。

[问题4] (5分)

若计算在第15周初的ETC和EAC，采用哪种方式计算更适合？写出计算公式。

➢ 2014 年下半年计算大题

阅读下列说明，回答问题 1 至问题 3，将解答填入答题纸的对应栏内。(25 分)

[说明] 某项目由 A、B、C、D、E、F、G、H、I、J 共 10 个工作包组成，项目计划执行时间为 5 个月。在项目执行到第 3 个月末的时候，公司对项目进行了检查，检查结果如下表所示（假设项目工作量在计划期内均匀分布）。

工作包	预算/万元	预算按月分配/万元					实际完成/%
		第 1 个月	第 2 个月	第 3 个月	第 4 个月	第 5 个月	
A	12	6	6				100
B	8	2	3	3			100
C	20		6	10	4		100
D	10		6		4		75
E	3	2	1				75
F	40			20	15	5	50
G	3					3	50
H	3				2	1	50
I	2				1	1	25
J	4				2	2	25

[问题 1]（4 分）

计算到目前为止，项目的 PV、EV 分别为多少？

[问题 2]（11 分）

假设该项目到目前为止已支付 80 万元，请计算项目的 CPI 和 SPI，并指出项目整体的成本和进度执行情况以及项目中哪些工作包落后于计划进度，哪些工作包超前于计划进度。

[问题 3]（10 分）

如果项目的当前状态代表了项目未来的执行情况，预测项目未来的结束时间和总成本。并针对项目目前的状况，提出相应的应对措施。

➢ 2015年上半年计算大题

阅读下列说明，回答问题1至问题4，将解答填入答题纸的对应栏内。(25分)

[说明] 某信息系统工程项目由A、B、C、D、E、F、G共7个任务构成，项目组根据不同任务的特点、人员情况等，对各项任务进行了历时估算并排序，并给出了进度计划，如下图：

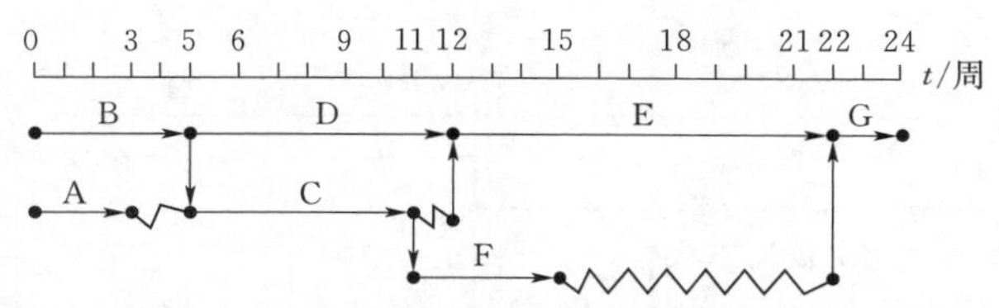

项目中各项任务的预算（方框中，单位是万元）、从财务部获取的监控点处各项目任务的实际费用（括号中，单位为万元），以及各项任务在监控点时的完成情况如下图。

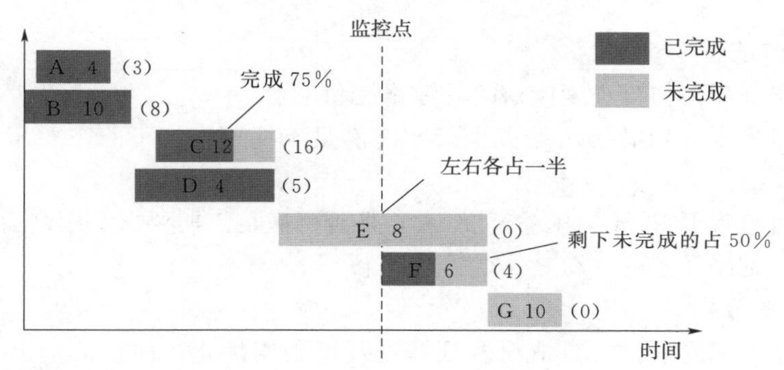

[问题1] (10分)

(1) 请指出该项目的关键路径、工期。

(2) 本例给出的进度计划图叫什么图？还有哪几种图可以表示进度计划？

(3) 请计算任务A、D和F的总时差和自由时差。

(4) 若任务C拖延1周，对项目的进度有无影响？为什么？

[问题2] (7分)

请计算监控点时刻对应的PV、EV、AC、CV、SV、CPI和SPI。

[问题3] (4分)

请分析监控点时刻对应的项目绩效，并指出绩效改进的措施。

[问题4] (4分)

(1) 请计算该项目的总预算。

(2) 若在监控点时刻对项目进行了绩效评估后，找到了影响绩效的原因并予以纠正，请预测此种情况下项目的ETC、EAC。

➢ 2015年下半年计算大题

阅读下列说明，回答问题1至问题4，将解答填入答题纸的对应栏内。(25分)

［说明］ 已知某信息工程项目由A、B、C、D、E、G、H、I共8个活动构成，项目工期要求为100天。项目组根据初步历时估算、各活动间逻辑关系得出的初步进度计划网络图如下图所示（箭线下方为活动历时）。

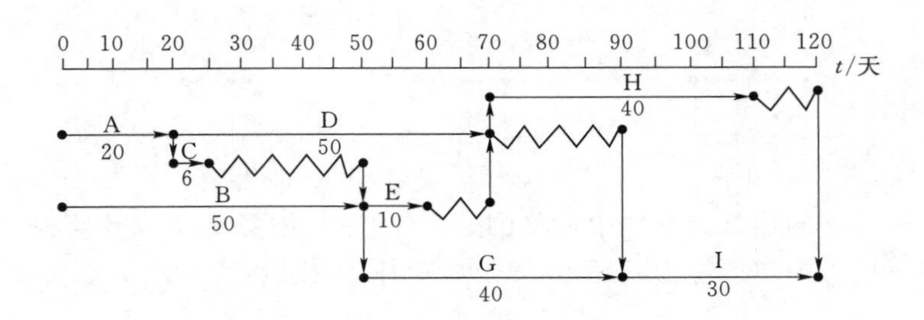

［问题1］(7分)

(1) 请给出该项目初步进度计划的关键路径和工期。

(2) 该项目进度计划需要压缩多少天才能满足工期要求？可能需要压缩的活动都有哪些？

(3) 若项目组将B和H均压缩至30天，是否可满足工期要求？压缩后项目的关键路径有多少条？关键路径上的活动是什么？

［问题2］(9分)

项目组根据工期要求，资源情况及预算进行了工期优化，即将活动B压缩至30天、D压缩至40天，并形成了最终进度计划网络图；给出的项目所需资源数量与资源费率如下。

活动	资源	费率/[元/(人·天)]	活动	资源	费率/[元/(人·天)]
A	1人	180	E	1人	180
B	2人	220	G	2人	200
C	1人	150	H	2人	100
D	2人	240	I	2人	150

按最终进度计划执行到第40天晚对项目进行监测时发现，活动D完成一半，活动E准备第二天开始，活动G完成了1/4；此时累计支付的实际成本为40000元，请在下表中填写此时该项目的绩效信息。

活动	PV/元	EV/元
A		
B		
C		
D		
E		
G		
H		
I		
合计		

［问题 3］（6 分）

请计算第 40 天晚时项目的 CV、SV、CPI、SPI（给出计算公式和计算结果，结果保留 2 位小数），且评价当前项目绩效，并给出改进措施。

［问题 4］（3 分）

项目组发现问题后及时进行了纠正，对项目的后续执行没有影响。请预测项目完工尚需成本 ETC 和完工估算 EAC（给出计算公式和计算结果）。

➢ 2016 年上半年计算大题

阅读下列说明，回答问题 1 至问题 3，将解答填入答题纸的对应栏内。(25 分)

[说明] 下图给出了一个信息系统项目的进度网络图。

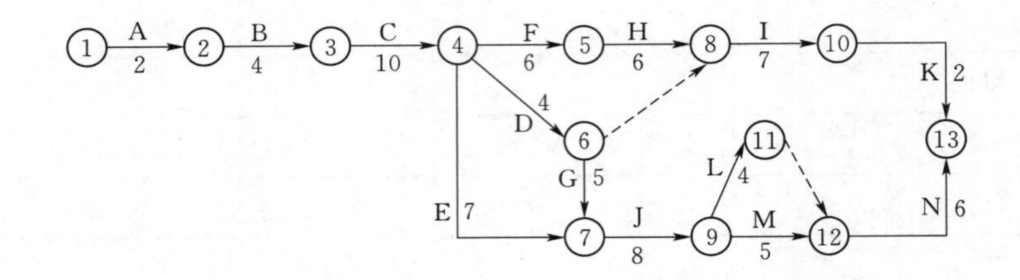

下表给出了该项目各项作业正常工作与赶工工作的时间和费用。

活动	正 常 工 作		赶 工 工 作	
	时间/天	费用/元	时间/天	费用/元
A	2	1200	1	1500
B	4	2500	3	2700
C	10	5500	7	6400
D	4	3400	2	4100
E	7	1400	5	1600
F	6	1900	4	2200
G	5	1100	3	1400
H	6	9300	4	9900
I	7	1300	5	1700
J	8	4600	6	4800
K	2	300	1	400
L	4	900	3	1000
M	5	1800	3	2100
N	6	2600	3	2960

[问题 1] (3 分)

请给出项目关键路径。

[问题 2] (3 分)

请计算项目总工期。

[问题 3]（19 分）

（1）请计算关键路径上各活动的可压缩时间、用于压缩而增加的总费用和每压缩短 1 天增加的费用。将关键路径上各活动的名称以及对应的计算结果填入答题纸相对应的表格中。

活动	正常工作		赶工工作		可压缩时间/天	用于压缩的费用/元	每压缩 1 天增加的费用/元
	时间/天	费用/元	时间/天	费用/元			
A	2	1200	1	1500			
B	4	2500	3	2700			
C	10	5500	7	6400			
D	4	3400	2	4100			
E	7	1400	5	1600			
F	6	1900	4	2200			
G	5	1100	3	1400			
H	6	9300	4	9900			
I	7	1300	5	1700			
J	8	4600	6	4800			
K	2	300	1	400			
L	4	900	3	1000			
M	5	1800	3	2100			
N	6	2600	3	2960			

（2）如果项目工期要求缩短到 38 天，请给出具体的工期压缩方案并计算需要增加的最少费用。

➢ 2016年下半年计算大题

阅读下列说明。回答问题1至问题4，将解答填入答题纸的对应栏内（25分）

[说明] 已知某信息工程由A、B、C、D、E、F、G、H 8个活动构成，项目的活动历时、活动所需人数、费用及活动逻辑关系如下表所示。

活动	历时/天	所需人数/个	费用/[元/(人·天)]	紧前活动
A	3	3	100	—
B	2	1	200	A
C	8	4	400	A
D	4	3	100	B
E	10	2	200	C
F	7	1	200	C
G	8	3	300	D
H	5	4	300	E、F、G

[问题1]（4分）

请给出该项目的关键路径和工期。

[问题2]（12分）

第14天晚的监控数据显示活动E、G均完成一半，F尚未开始，项目实际成本支出为12000元。

（1）请计算此时项目的计划值（PV）和挣值（EV）。

（2）请判断此时项目的成本偏差（CV）和进度偏差（SV），以及成本和进度执行情况。

[问题3]（3分）

若后续不作调整，项目工期是否有影响？为什么？

[问题4]（6分）

（1）请给出总预算（BAC）、完工尚需估算（ETC）和完工估算（EAC）的值。

（2）请预测是否会超出总预算（BAC）？完工偏差（VAC）是多少？

➢ 2017年上半年计算大题

阅读下列说明，回答问题1至问题4，将解答填入答题纸的对应栏内。(25分)

［说明］ 某项目工期6个月，项目经理在第3个月末进行了中期检查，检查结果表明完成了计划进度的90%，相关情况见下表（单位：万元），表中活动之间存在F-S关系。

序号	活动	第1个月	第2个月	第3个月	第4个月	第5个月	第6个月	PV值
1	编制计划	4	4					8
2	需求调研		6	6				12
3	概要设计			4	4			8
4	数据设计				8	4		12
5	详细设计					8	2	10
	月度PV	4	10	10	12	12	2	
	月度AC	4	11	11				

［问题1］(8分)

计算中期检查时项目的CPI、CV和SV，以及“概要设计”活动的EV和SPI。

［问题2］(4分)

如果按照当前的绩效，计算项目的ETC和EAC。

［问题3］(8分)

请对该项目目前的进展情况作出评价。如果公司规定，在项目中期评审中，项目的进度绩效指标和成本绩效指标在计划值的正负10%即为正常，则该项目是否需要采取纠正措施？如需要，请说明可采取哪些纠正措施进行成本控制；如不需要，请说明理由。

［问题4］(5分)

结合本案例，判断下列选项的正误（填写在答题纸的对应栏内，正确的选项填写“√”，错误的选项填写“×”）：

(1) 应急储备是包含在成本基准内的一部分预算，用来应对已经接受的已识别风险，并已经制定应急或减轻措施的已识别风险。(　　)

(2) 管理储备主要应对项目的“已知—未知”风险，是为了管理控制的目的而特别留出的项目预算。(　　)

(3) 管理储备是项目成本基准的有机组成部分，不需要高层管理者审批就可以使用。(　　)

(4) 成本基准就是项目的总预算，不需按项目工作分解结构和项目生命周期进行分解。(　　)

(5) 成本管理过程及其使用的工具和技术会因应用领域的不同而变化，一般在项目生命期定义过程中对此进行选择。(　　)

➢ 2017年下半年计算大题

阅读下列说明，回答问题1至问题4，将解答填入答题纸的对于栏内。(26分)

[说明] 某信息系统项目包含A、B、C、D、E、F、G、H、I、J 10个活动。各活动的历时、成本估算值、活动逻辑关系见下表。

活动名称	紧前	成本估算值/元	活动历时/天
A	—	2000	2
B	A	3000	4
C	B	5000	6
D	A	3000	4
E	D	2000	3
F	A	2000	2
G	F	2000	2
H	E、G	3000	3
I	C、H	2000	2
J	I	3000	3

[问题1] (10分)

(1) 请计算活动H、G的总浮动时间和自由浮动时间。

(2) 请指出该项目的关键路径。

(3) 请计算该项目的总工期。

[问题2] (3分)

项目经理在第9天结束时对项目进度进行统计，发现活动C完成了50%，活动E完成了50%，活动G完成了100%，请判断该项目工期是否会受到影响，为什么?

[问题3] (10分)

结合问题2，项目经理在第9天结束时对项目成本进行了估算，发现活动B的实际花费比预估多了1000元，活动D的实际花费比预估少了500元，活动C的实际花费为2000元，活动E的实际花费为1000元，其他活动的实际花费与预估一致。

(1) 请计算该项目的完工预算BAC。

(2) 请计算该时点计划值PV、挣值EV、成本绩效指数CPI、进度绩效指数SPI。

[问题4] (3分)

项目经理对项目进度、成本与计划不一致的原因进行了详细分析，并制定了改进措施。假设该改进措施是有效的，能确保项目后续过程中不会再发生类似问题，请计算该项目的完工估算EAC。

➢ 2018年上半年计算大题

阅读下列说明，回答问题1至问题3，将解答填入答题纸的对应栏内。（27分）

［说明］ 某软件项目包含8项活动，活动之间的依赖关系，以及各活动的工作量和所需的资源如下表所示。假设不同类型的工作人员之间不能互换，但是同一类型的人员都可以从事与其相关的所有工作。所有参与该项目的工作人员，从项目一开始就进入项目团队，并直到项目结束时才能离开，在项目过程中不能承担其他活动。（所有的工作都按照整天计算）

活动	工作量/(人·天)	依赖	资源类型
A	4		SA
B	3	A	SD
C	2	A	SD
D	4	A	SD
E	3	B	SC
F	3	C	SC
G	8	C、D	SC
H	2	E、F、G	SA

注 SA：系统分析人员　SD：系统设计人员　SC：软件编码人员。

［问题1］（14分）

假设该项目团队有SA人员1人，SD人员2人，SC人员3人，请将下面（　　）处的答案填写在答案纸的对应栏内。

- A结束后，先投入（　　）个SD完成C，需要（　　）天。
- C结束后，再投入（　　）个SD完成D，需要（　　）天。
- C结束后，投入（　　）个SC完成（　　），需要（　　）天。
- D结束后，投入SD完成B。
- C、D结束后，投入（　　）个SC完成G，需要（　　）天。
- G结束后，投入（　　）个SC完成E，需要1天。
- E、F、G完成后，投入1个SA完成H，需要2天。
- 项目总工期为（　　）天。

［问题2］（7分）

假设现在市场上一名SA每天的成本为500元，一名SD每天的成本为500元，一名SC每天的成本为600元，项目要压缩至10天完成。

（1）则应增加什么类型的资源？增加多少？

（2）项目成本增加还是减少？增加或减少多少？（请给出简要计算步骤）

[问题3]（6分）

请判断以下描述是否正确（填写在答题纸的对应栏内，正确的选项填写"√"，不正确的选项填写"×"）：

（1）活动资源估算过程同费用估算过程紧密相关，外地施工团队聘用熟悉本地相关法规的咨询人员的成本不属于活动资源估算的范畴，只属于项目的成本部分。（　　）

（2）制定综合资源日历属于活动资源估算过程的一部分，一般只包括资源的有无，而不包括人力资源的能力和技能。（　　）

（3）项目变更造成项目延期，应在变更确认时发布，而非在交付前发布。（　　）

➢ 2018 年下半年计算大题

阅读下列说明，回答问题 1 至问题 4，将解答填入答题纸的对应栏内。（27 分）

[说明]

某信息系统项目包含如下 10 个活动。各活动的历时、活动逻辑关系见下表。

活动名称	紧前活动	活动历时/天
A	—	2
B	A	5
C	B、D	2
D	A	6
E	C、G	3
F	A	3
G	F	4
H	E	4
I	E	5
J	H、I	3

[问题 1]（9 分）

（1）请给出该项目的关键路线路径和总工期。

（2）请给出活动 E、G 的总浮动时间和自由浮动时间。

[问题 2]（5 分）

在项目开始前，客户希望将项目工期压缩为 19 天，并愿意承担所发生的所有额外费用。经过对各项活动的测算发现，只有活动 B、D、I 有可能缩短工期，其余活动均无法缩短工期。活动 B、D、I 最多可以缩短的天数以及额外费用如下。

活动名称	最多可以缩短的天数/天	赶工一天增加的额外费用/元
B	2	2000
D	3	2500
I	3	3000

在此要求下，请给出费用最少的工期压缩方案及其额外增加的费用。

[问题 3]（4 分）

请将下面（　　）处的答案填写在答题纸的对应栏内。

项目活动之间的依赖关系分为四种：

(　　　　　) 是法律或合同要求的或工作的内在性质决定的依赖关系。

(　　　　　) 是基于具体应用领域的最佳实践或者基于项目的某种特殊性质而设定，即便还有其他顺序可以选用，但项目团队仍缺省按照此种特殊的顺序安排活动。

(　　　　　) 是项目活动与非项目活动之间的依赖关系。

(　　　　　) 是项目活动之间的紧前关系，通常在项目团队的控制之中。

[问题 4] (9 分)

假设该项目的总预算为 20 万元。其中包含 2 万元管理储备和 2 万元应急储备，当项目进行到某一天时，项目实际完成的工作量仅为应完成工作的 60%，此时的 PV 为 12 万元，实际花费为 10 万元。

(1) 请计算该项目的 BAC。

(2) 请计算当前时点的 EV、CV、SV。

(3) 在当前绩效情况下，请计算该项目的完工尚需估算 ETC。

➢ 2019年上半年计算大题

阅读下列说明，回答问题1至问题3，将解答填入答题纸的对应栏内。（23分）

[说明] 某公司承接了一个软件外包项目，项目内容包括A、B两个模块的开发测试。项目经理创建了项目的WBS（下表），估算了资源、工期，项目人力资源成本是1000元/(人·天)。

活　动	人数安排/个	预计完成工作量/(人·天)
模块A开发	8	48
模块A单元测试	1	4
模块A修复	8	8
模块A回归测试	1	3
模块B开发	8	80
模块B单元测试	1	3
模块B修复	10	10
模块B回归测试	1	2
A、B接口测试	1	2
A、B联调	2	4

[问题1]（7分）

根据目前WBS安排，请计算项目的最短工期，并绘制对应的时标网络图。

[问题2]（10分）

项目开展11天后，阶段评审发现：模块A的修复工作完成了一半，回归测试工作还没有开始；模块B开发工作已经结束，准备进入单元测试。此时，项目已经花费了18万的人力资源成本。

(1) 请计算项目当前的PV、EV、AC、CV、SV，并评价项目目前的进度和成本绩效。

(2) 按照当前绩效继续进行，请预测项目ETC（写出计算过程，计算结果精确到个位）。

[问题3]（6分）

基于问题2，针对项目目前的绩效，项目经理应采取哪种措施保证项目按时完工？

➢ 2019 年下半年计算大题

阅读下列说明，回答问题 1 至问题 3，将解答填入答题纸的对应栏内。（25 分）

［说明］ 某公司完成一个工期 10 周的系统集成项目，该项目包含 A、B、C、D、E 5 项任务。项目经理制定了成本预算表（表 1），执行过程中记录了每个时段项目的执行情况（表 2、表 3）。

表 1　　成本预算表　　单位：万元

任务	1 周	2 周	3 周	4 周	5 周	6 周	7 周	8 周	9 周	10 周
A	10	15	5							
B		10	20	20						
C				5	5	25	5			
D					5	15	10	10		
E								5	20	25
合计	10	25	25	25	10	40	15	15	20	25

表 2　　实际发生成本表　　单位：万元

任务	1 周	2 周	3 周	4 周	5 周	6 周	7 周	8 周	9 周	10 周
A	10	14	10							
B		10	14	20						
C				5	5	10				
D					5	8				
E										
合计	10	24	24	25	10	18	0	0	0	0

表 3　　任务完成百分比

任务	1 周	2 周	3 周	4 周	5 周	6 周	7 周	8 周	9 周	10 周
A	30%	50%	100%							
B		20%	50%	100%						
C				5%	10%	40%				
D					10%	20%				
E										
合计										

［问题 1］（5 分）

项目执行到了第 6 周，请填写如下的项目 EV 表（表 4），将答案填写在答题纸对应栏内。

表 4　　执行到第 6 周时项目的 EV 表　　单位：万元

任务	1 周	2 周	3 周	4 周	5 周	6 周	7 周	8 周	9 周	10 周
A										
B										
C										
D										
E										
合计										

［问题 2］（14 分）

（1）经分析任务 C 的成本偏差是非典型的，而 D 的偏差是典型的。针对目前的情况，请计算项目完工时的成本估算值（EAC）。

（2）判断项目前的绩效情况。

［问题 3］（6 分）

针对项目目前的进度绩效，请写出项目经理可选的措施。

➢ 2020年下半年计算大题

阅读下列说明，回答问题1至问题4，将解答填入答题纸的对应栏内。(25分)

[说明] 某软件开发项目包括A、B、C、D 4个活动，项目总预算为52000元。截至6月30日，各活动相关信息见下表。

活动	成本预算/元	计划成本/元	实际进度	实际成本/元
A	25000	25000	100%	25500
B	12000	9000	50%	5400
C	10000	5800	50%	1100
D	5000	0	0	0

C活动是项目中的一项关键任务，目前刚刚开始，项目经理希望该任务能在24天之内完成，项目组一致决定采取快速跟进的方法加快项目进度，并估算C活动的预计工期为乐观14天、最可能20天、悲观32天。

[问题1] (13分)

结合案例，请计算截至6月30日各活动的挣值和项目的进度偏差(SV)和成本偏差(CV)，并判断项目的执行绩效。

[问题2] (3分)

项目组决定采用快速跟进的方式加快进度，请简述该方式的不足。

[问题3] (4分)

如果当前项目偏差属于典型偏差，请计算完工估算成本(EAC)。

[问题4] (5分)

项目经理尝试采用资源优化技术24天完成C活动的目标，请计算能达到项目经理预期目标的概率。

➢ 2021 年上半年计算大题

阅读下列说明，回答问题 1 至问题 5，将解答填入答题纸的对应栏内。(25 分)

[说明] 某项目的网络图如下：

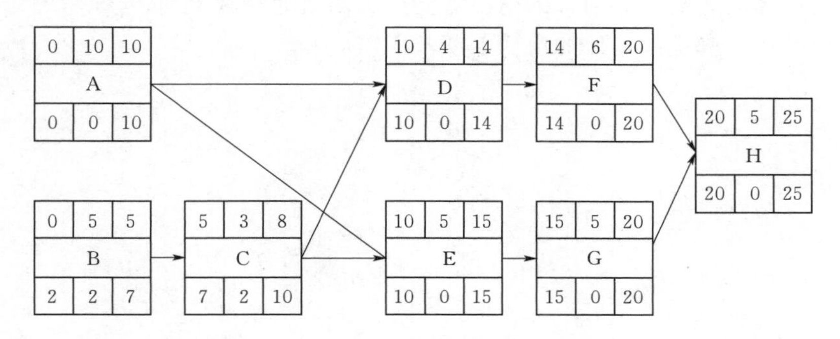

其中，各活动正常完工时间、正常完工直接成本、最短完工时间、赶工增加直接成本见下表。另外，项目的间接成本为 500 元/天。

活动	正常完工时间/天	正常完工直接成本/元	最短完工时间/天	赶工增加直接成本/（元/天）
A	10	3000	7	400
B	5	1000	4	200
C	3	1500	2	200
D	4	2000	3	300
E	5	2500	3	300
F	6	3200	3	500
G	5	800	2	100
H	5	900	4	400

[问题 1]（4 分）

请确定项目的关键路径。

[问题 2]（3 分）

根据网络图确定项目正常完工的工期是多少天？所需的成本是多少？

[问题 3]（3 分）

讨论下列事件对计划项目进度有何影响：

(1) 活动 D 拖延 2 天。

（2）活动B拖期2天。

（3）活动F和G在规定进度之前1天完成。

[问题4]（7分）

项目想提前一天完工，基于成本最优原则，可以针对哪些活动赶工？赶工后的项目成本是多少？

[问题5]（8分）

基于项目整体成本最优原则，请列出需要赶工的活动及其工期。

基于以上结果，确定赶工后的项目工期及所需成本。

➤ 2021 年下半年计算大题

阅读下列说明，回答问题 1 至问题 4，将解答填入答题纸的对应栏内。(25 分)

［说明］某项目的任务计划见表 1，资金计划和资金使用情况见表 2。

表 1 **任务计划表**

序号	包	任务	紧前任务	人数	计算工期/月	计算任务完成率安排					
						1 月	2 月	3 月	4 月	5 月	6 月
1	包 A	任务 1		4	2	50%	50%				
2		任务 2	任务 1	2	1			100%			
3	包 B	任务 3	任务 2	1	1				100%		
4		任务 4		4	2	50%	50%				
5		任务 5	任务 1、4	3	3			40%	40%	20%	
6	包 C	任务 6	任务 3	2	2					60%	40%
7		任务 7	任务 3	2	2					50%	50%
8	包 D	任务 8	任务 1、4	2	3			40%	30%	30%	
9		任务 9	任务 5、8	1	1						100%
计划任务完成率：某任务当月计划完成量与该任务全部工作量的比值											

表 2 **资金计划和资金使用情况表** 单位：万元

时间	总预算计划执行	总预算实际执行	财政资金预算计划执行	财政资金预算实际执行	自筹资金预算计划执行	自筹资金预算实际执行
1 月	400	200	200	0	200	200
2 月	700	700	300	100	400	600
3 月	1100	1700	100	100	1000	1600
4 月	2700	3800	600	1000	2100	2800
5 月	2300	1400	400	400	1900	1000
6 月	1800	1400	500	500	1300	900
累计	9000	9200	2100	2100	6900	7100

项目完成后得到任务完成情况月报见表 3。

表 3　　　　任务完成情况表

序号	包	任务	计划工期/月	实际任务完成率安排					
				1月	2月	3月	4月	5月	6月
1	包 A	任务 1	2	60%	40%				
2		任务 2	1			100%			
3	包 B	任务 3	1				100%		
4		任务 4	2	50%	50%				
5		任务 5	3			30%	40%	30%	
6	包 C	任务 6	2					60%	40%
7		任务 7	2					70%	30%
8	包 D	任务 8	3			40%	50%	10%	
9		任务 9	1						100%
实际任务完成率：某任务当月实际完成量与该任务全部工作量的比值									

[问题 1]（4 分）请根据项目任务计划表，绘制项目的单代号网络图。

[问题 2]（7 分）

（1）项目参与人员均可胜任任意一项任务，请计算项目每月需要的人数，并估算项目最少需要多少人？

（2）项目经理希望采用资源平滑的方式减少项目人员，请问该方法是否可行？为什么？

[问题 3]（5 分）项目第 1 个月月底时，项目经理考察项目的执行情况，请计算此时项目的 PV、EV 和 AC。

[问题 4]（9 分）项目第 2 个月月底时，上级部门考核财政资金使用情况，请给出项目此时的执行绩效。

➢ 2022年上半年计算大题

阅读下列说明，回答问题1至问题4，将解答填入答题纸的对应栏内。(25分)

[说明] 某公司承担一个旅游信息监管系统的开发，整个项目划分为四个阶段九项活动，项目相关信息如下表所示。

项目任务	活动名称	工期/天 (乐观、可能、悲观)	紧前活动	人数 /人	总预算 /万元
需求分析	A任务下达	(1、4、7)		6	0.6
	B需求分析	(12、14、22)	A	15	6.3
设计研究	C总体设计	(13、14、21)	B	13	10.4
	D初样实现	(8、9、16)	C	17	24.7
	E正样研制	(10、17、18)	D	18	10.2
系统测试	F密码测评	(6、7、8)	E	9	5.1
	G软件测试	(5、8、11)	E	12	10.6
	H用户试用	(9、16、17)	F、G	20	15.7
项目收尾	I收尾	(3、5、7)	H	10	3.0

[问题1] (12分)

结合案例：

(1) 每个活动的乐观、可能和悲观成本服从β分布，请计算每个活动的成本，并绘制项目的时标网络图。

(2) 如果项目人员均为多面手，可以从事任意活动，请指出项目实施需要的最少人数。

[问题2] (3分)

请确定项目的关键路径、工期。

[问题3] (6分)

项目进展到第70天时，项目已完成总工作的3/4，花费60万元，请计算此时项目的PV、EV、SV和CV值(假设项目每项活动的日工作量相同，计算结果精确到整数)。

[问题4] (4分)

请指出当前项目绩效情况，并说明项目经理应该采取哪些措施。

第二部分

信息系统项目管理师
历年计算大题答案精析及视频讲解

➢ 2005 年下半年计算大题答案精析及视频讲解

【答案精析】

【分析】 BAC＝100 万元；第 8 周时：PV＝64 万元，AC＝68 万元，EV＝54 万元。

【问题 1 解答】

CV＝EV－AC＝54－68＝－14（万元）

SV＝EV－PV＝54－64＝－10（万元）

CPI＝ EV÷AC＝54÷68≈0.7941

SPI＝EV÷PV＝54÷64≈0.8438

【问题 2 解答】

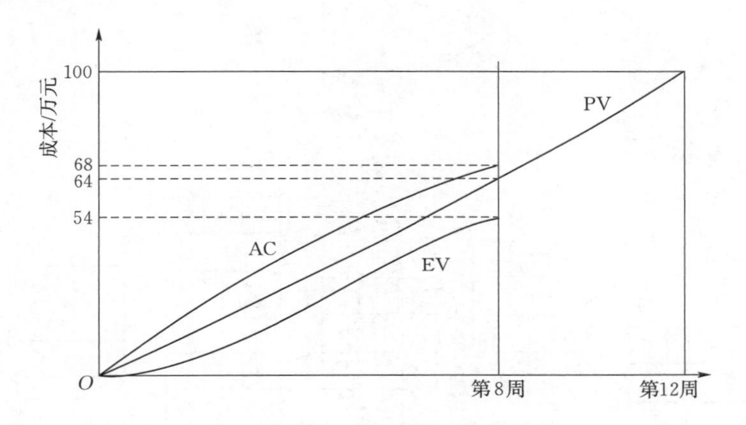

【问题 3 解答】 （注：看进度时，是 EV 和 PV 比较；看成本时，是 EV 和 AC 比较。）

图 1：效率低、进度落后、成本严重超支，赶工、快速跟进、改善方法、加强成本管理。

图 2：效率低、进度落后、成本符合预期，赶工、快速跟进、改善方法、加强质量管理。

图 3：效率高、进度超前、成本符合预期，加强质量管理。

图 4：效率高、进度超前、成本非常节省，继续保持，但注意质量管理。

2005 年下半年计算大题——视频讲解（扫描二维码直接观看）

➢ 2006 年下半年计算大题答案精析及视频讲解

【答案精析】

【分析】 应先画出普通的单代号网络图，再画出六格图。

【问题 1 解答】

普通单代号网络图如下所示。

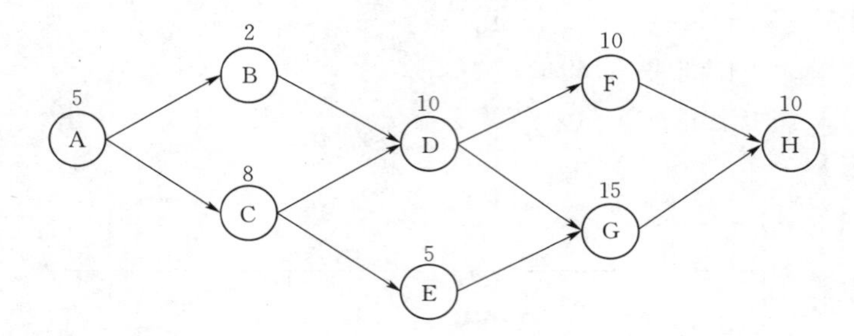

六格图如下所示。

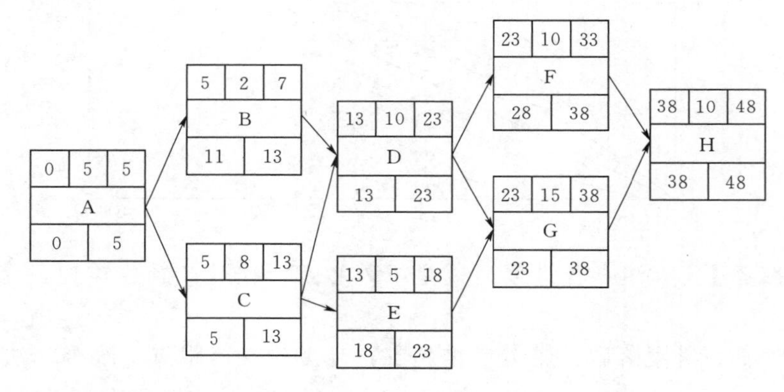

关键路径：ACDGH；项目工期＝5＋8＋10＋15＋10＝48（天）。

【问题 2 解答】

B 的自由浮动时间＝13－7＝6（天）

C 的自由浮动时间＝13－13＝0（天）

E 的自由浮动时间＝23－18＝5（天）

【问题 3 解答】

关键路径：ACDFH；项目工期＝5＋8＋10＋10＋10＝43（天）。

2006 年下半年计算大题——视频讲解（扫描二维码直接观看）

➢ 2010年下半年计算大题答案精析及视频讲解

【答案精析】

【问题1解答】

PV＝10＋7＋8＋9＋5＋2＝41（万元）

EV＝10×80％＋7×100％＋8×90％＋9×90％＋5×100％＋2×90％＝37.1（万元）

AC＝9＋6.5＋7.5＋8.5＋5＋2＝38.5（万元）

SV＝EV－PV＝37.1－41＝－3.9＜0，进度落后

CV＝EV－AC＝37.1－38.5 ＝－1.4＜0，成本超支

【问题2解答】

这种说法不对。评价成本是用AC与EV比较，而不是与PV比较，因为EV才是实际完成的工作。比如，本题当中AC＝38.5万元，PV＝41万元，虽然AC＜PV，但实际上由于CV＝EV－AC＝37.1－38.5＝－1.4＜0，成本超支。实际完成的工作少于实际花销。

【问题3解答】

（注：表格给出的是第4个月月底的计划成本，而不是全部计划工期的成本即完工估算，如果从这个角度考虑的话，BAC是无法计算的；但是又必须得计算，那么：只能默认为原计划工期就是4个月，这样的话，第4个月月底的计划成本等于完工估算。）

（1）非典型：EAC＝ETC＋AC＝BAC－EV＋AC＝PV－EV＋AC＝41－37.1＋38.5＝42.4（万元）。

（2）典型：EAC ＝ ETC＋AC＝(BAC－EV)/CPI＋AC＝(PV－EV)/CPI＋AC＝(41－ 37.1)/(37.1/38.5)＋38.5≈42.55（万元）。

（3）赶工、快速跟进、使用高素质人员和设备、减少范围、改善方法、加强成本管理。

2010年下半年计算大题——视频讲解（扫描二维码直接观看）

➢ 2011 年下半年计算大题答案精析及视频讲解

【答案精析】

【分析】 应先画出普通的单代号网络图，再画出七格图。

【问题 1 解答】

（1）普通单代号网络图如下所示。

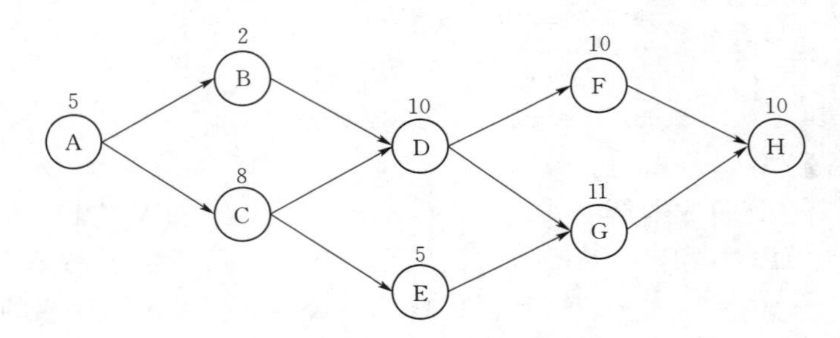

七格图如下所示。

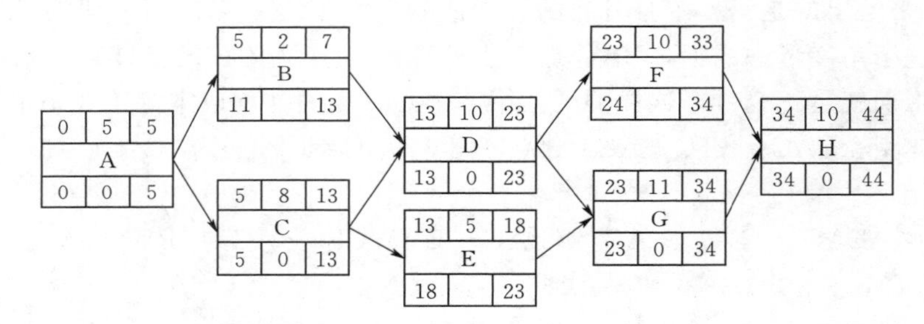

（2）关键路径是 ACDGH；总工期是 44 天。

【问题 2 解答】

只能压缩 A 或 C 或 D 或 H，但 C、D 的成本最少，所以 C、D 各压缩 1 天。

【问题 3 解答】

利润增加了 5 万元。因为，增加成本：2＋3＝5（万元）（赶工需加班费）；减少成本：1＋1＝2（万元）（每天的安保、管理费用）；额外支付的项目款：8 万元。所以，8＋2－5＝5（万元）。

2011 年下半年计算大题——视频讲解（扫描二维码直接观看）

➢ 2012 年上半年计算大题答案精析及视频讲解

题一 【答案精析】

【问题 1 解答】

项目原计划的工期是 167 天，如不采取措施，项目最后完工的工期是 174 天，这是因为综合布线、设备安装等活动的工期变化，导致了关键路径的变化。如果想尽量按照原来的预期完成工作，而使增加成本最少，最常采用的措施应是赶工、快速跟进、使用经验丰富的高水平人员、减少范围、改善方法、加强管理等。

【问题 2 解答】

（1）需求管理不当，导致需求定义不明确。

（2）对于新技术引起的风险，没做风险分析和应对。

（3）采购管理不当。

（4）供应商管理不当。

（5）项目团队内外沟通管理不当。

（6）进度计划制订不当。

（7）进度计划控制不当。

（8）整体管理没有做好。

【问题 3 解答】

（1）王工首先应该加强项目管理知识和理论的学习，增强科学管理的意识和水平。

（2）科学合理地制定进度计划。

（3）加强风险管理水平，做到科学风险识别、风险应对、风险控制等。

（4）加强沟通管理，加强采购管理和供应商管理等。

（5）充分利用以下工具与技术进行风险控制：

1）绩效审查。

2）项目管理软件。

3）资源优化技术，含资源平衡和资源平滑等。

4）建模技术，含假设情景和蒙特卡洛模拟分析。

5）提前量与滞后量、进度压缩、进度计划编制工具等。

2012 年上半年计算大题（题一）——视频讲解（扫描二维码直接观看）

题二 【答案精析】

【问题1解答】 14天。

模块1：开发6天、测试3天、修复1天、再测试2天，共12天。

模块2：开发8天、测试3天、修复1天、再测试2天，共14天。

并行工作，故为14天。

【问题2解答】

（1）模块1：

PV＝（48＋3）×1000＝51000（元）

EV＝48×1000＝48000（元）

AC＝8×11×1000＝88000（元）

进度落后，因SV＝EV－PV＝48000－51000＝－3000＜0

成本超支，因CV＝EV－AC＝48000－88000＝－40000＜0

（2）模块2：

PV＝（80＋3）×1000＝83000（元）

EV＝（80＋3）×1000＝83000（元）

AC＝83000＋3×1000＝86000（元）

进度符合预期，因SV＝EV－PV＝83000－83000＝0

成本超支，因CV＝EV－AC＝83000－86000＝－3000＜0

【问题3解答】

（1）典型：模块1、模块2总和的ETC＝23833.33＋12433.73＝36267.06（元），因为：

模块1，ETC＝(BAC－EV)/CPI＝[(48＋3＋8＋2)×1000－48000]/(48000/88000)≈23833.33（元）；

模块2，ETC＝(BAC－EV)/CPI＝[(80＋3＋10＋2)×1000－83000]/(83000/86000)≈12433.73（元）。

（2）非典型：模块1、模块2总和的ETC＝13000＋12000＝25000（元），因为：

模块1，ETC＝BAC－EV＝(48＋3＋8＋2)×1000－48000＝13000（元）；

模块2，ETC＝BAC－EV＝（80＋3＋10＋2）×1000－83000＝12000（元）。

【问题4解答】

模块1、模块2的开发人员安排不足、集成测试应安排在安装调试之后、缺少系统试运行和验收等过程、阶段评审的里程碑时间点设置不合理等。

2012年上半年计算大题（题二）——视频讲解（扫描二维码直接观看）

➢ 2013年上半年计算大题答案精析及视频讲解

【答案精析】

【分析】 应先画出普通的单代号网络图，再画出七格图。

【问题1解答】

普通的单代号网络图如下。

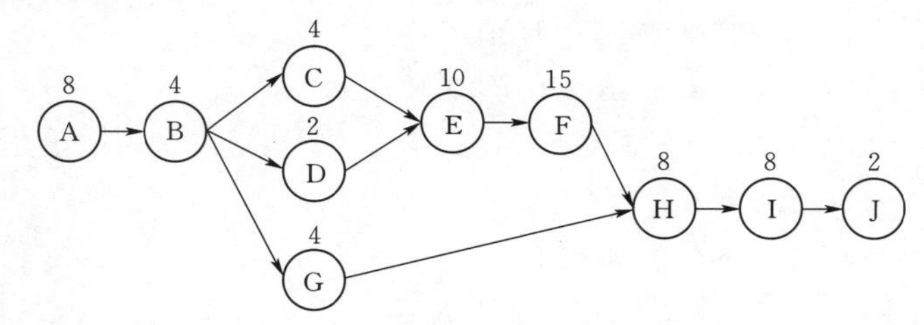

七格图如下。

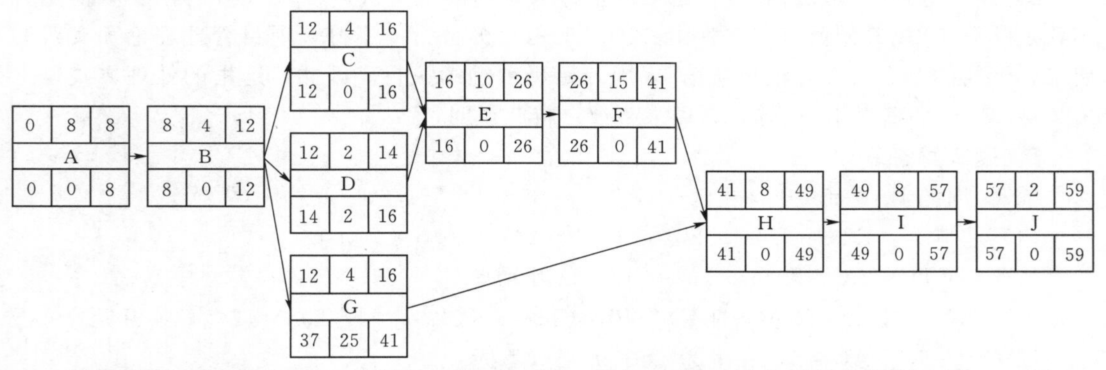

关键路径：ABCEFHIJ；计划总工期：59周；任务C和G的总时差分别是0周、25周。

【问题2解答】

任务F人员储备和安排欠妥、任务E工期计划不足、没考虑资源日历和假期的影响、任务E的工期变更没走CCB的整体变更控制流程、各方沟通不顺畅等。

【问题3解答】

赶工、快速跟进、使用高素质人员、减少不必要的范围、改善方法、加强管理；部分任务可以外包；充分考虑资源日历；必要的变更要走CCB整体变更控制流程；加强各方的沟通等。

【问题4解答】

关键链法、资源优化技术、建模技术、提前量和滞后量、进度计划编制工具。

2013年上半年计算大题——视频讲解（扫描二维码直接观看）

➢ 2013年下半年计算大题答案精析及视频讲解

题一 【答案精析】

【问题1解答】

PV＝30＋70＋60×(1/4)＋135＝250（万元）

EV＝30＋70＋60×20％＋135＝247（万元）

AC＝35.5＋83＋17.5＋159＝295（万元）

CV＝EV－AC＝247－295＝－48（万元）

SV＝EV－PV＝247－250＝－3（万元）

SPI＝EV/PV＝247/250＝0.988＜1

CPI＝EV/AC＝247/295≈0.8373＜1

因SPI＜1且CPI＜1，故成本超支、进度落后。

【问题2分析】 虽然前12周的AC正好等于前两次资金的投入（295万元），但是并不代表从第13周开始就停工。理由：①停工是消极行为，不符合项目管理理论和实践的要求；②从问题3可知，项目从第13周开始仍须继续执行。因此，这里的处理方式是把ETC和EAC的概念引申到第13周末来计，特此说明。

【问题2解答】

前13周的BAC＝30＋70＋60×(3/8)＋135＋30×(1/3)＝267.5（万元）

(1) 非典型：ETC＝BAC－EV＝267.5－247＝20.5（万元）

EAC＝ETC＋AC＝20.5＋295＝315.5（万元）

(2) 典型：ETC＝(BAC－EV)/CPI＝(267.5－247)/(247/295)≈24.48（万元）

EAC＝ETC＋AC＝24.48＋295＝319.48（万元）

【问题3解答】

活动E往后延期3周再开工。

因为：根据前12周的实际情况，发现活动C没达到预期的进度目标，说明活动C需要消耗比较多的资源；而活动E则有3周的自由浮动时间。所以，从第13周开始至第15周末，可以把资金和资源全部用于活动C。从第16周开始，再进行活动E。

2013年下半年计算大题（题一）——视频讲解（扫描二维码直接观看）

题二 【答案精析】

【问题 1 解答】

A1＝A1.1＋A1.2＝12＋14＝26（万元）

A2＝A2.1＋A2.2＝18＋16＝34（万元）

A＝A1＋A2＝26＋34＝60（万元）

【问题 2 解答】

财务总监认为可以接受的预算（估算）金额＝50＋50×10％＝55（万元）

项目经理小张最初的预算（估算）金额＝60（万元）

所以，55/60＝11/12

根据财务总监的建议重新估算各项的值为：

A1＝26×(11/12)≈23.8333（万元）

A2＝34×(11/12)≈31.1667（万元）

A1.1＝12×(11/12)＝11（万元）

A2.1＝18×(11/12)＝16.5（万元）

A＝A1＋A2＝23.8333＋31.1667＝55（万元）

【问题 3 解答】

（1）项目具有独特性，没有完全一样的项目，应留出适当的应急储备和必要的管理储备。

（2）采取阶梯的方式对项目进行分批投入资金，而不是一次性投入。

（3）采取资金限制平衡、资源优化技术等对资金投入进行平衡和平滑。

【问题 4 解答】

除了自下而上的估算方法，本案例还应用了类比估算法、自上而下估算法；成本估算的工具和技术还有参数估算、专家判断、三点估算、储备分析、质量成本、项目管理软件、卖方投标分析、群体决策技术等。

2013 年下半年计算大题（题二）——视频讲解（扫描二维码直接观看）

➢ 2014年上半年计算大题答案精析及视频讲解

【答案精析】

【分析】 本题最好是先画出时标网络图，并且考虑活动F的困难程度和子路径EG的浮动时间。

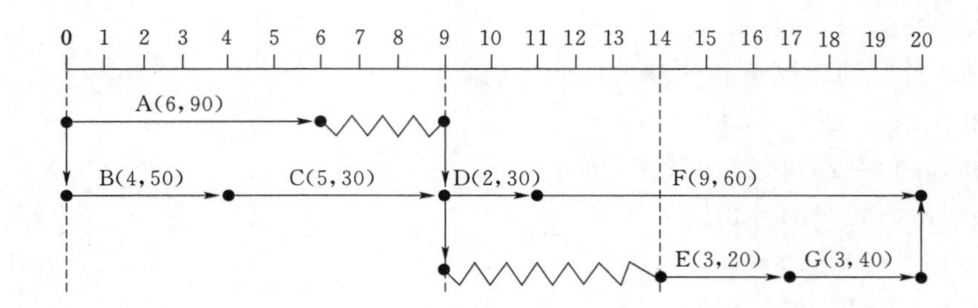

【问题1解答】

第1周初，投入＝90＋50＋30＝170（万元）

第10周初，投入＝30＋60×(3/9)＝50（万元）

第15周初，投入＝60×(6/9)＋20＋40＝100（万元）

执行顺序：A、B同时开始，B做完再做C；A、B、C都完成之后，D开始做，D做完再做F，其中从第15周初始，做E，E做完紧接着再做G。（E和D不同时做，是为了最大限度地给F腾出资源，因为题意要求不影响工期是硬性要求）。

【注】 如果E、D同时做，则F仍然存在延期的风险；并且，此时三次投入计划分别为：170万元、70万元、80万元。70、80看起来比50、100貌似更平滑，但是相对于170，仍可忽略不计。

【问题2、3、4分析】 问题2、3、4的计算，均以调整之后的方案执行，因为项目经理的职能就是随时发现问题并且变更。问题1的调整方案，就是进度计划的变更，这是由于执行过程中发现F的困难性而做出的变更。所以后续的执行，以变更之后的进度计划为依据。

【问题2解答】

第9周末：

PV＝90＋50＋30＝170（万元）

EV＝90×100％＋50×100％＋30×100％＝170（万元）

AC＝100＋55＋35＝190（万元）

CV＝EV－AC＝170－190＝－20（万元）＜0

SV＝EV－PV＝170－170＝0

因此，成本超支，进度符合原计划。

【问题 3 解答】

第 14 周末：

PV＝170＋30＋60×(3/9)＝220（万元）

EV＝170＋30×100％＋60×20％＝212（万元）

AC＝190＋30＋0＋40＋0＝260（万元）

CV＝EV－AC＝212－260＝－48（万元）＜0

SV＝EV－PV＝212－220＝－8（万元）＜0

因此，成本超支，进度落后。

【问题 4 解答】

CPI＝0.82，成本超支不可接受，则采取非典型方式：

ETC＝BAC－EV＝320－212＝108（万元）

EAC＝ETC＋AC＝108＋260＝368（万元）

［本题也可以采用典型方式：ETC＝(BAC－EV)/CPI；EAC＝ETC＋AC。］

2014 年上半年计算大题——视频讲解（扫描二维码直接观看）

➤ 2014 年下半年计算大题答案精析及视频讲解

【答案精析】

【问题 1 解答】

PV＝12＋8＋16＋6＋3＋20＝65（万元）

EV＝12＋8＋20＋7.5＋2.25＋20＋1.5＋1.5＋0.5＋1＝74.25（万元）

【问题 2 解答】

CPI＝EV/AC＝74.25/80≈0.928＝92.8%

SPI＝EV/PV＝74.25/65≈1.142＝114.2%

成本超支；进度超前；E 工作包落后于进度（因为，按前 3 个月的计划，E 工作包应全部完成才对，但实际只完成 75%）；C、D、G、H、I、J 工作包超前于进度。

【问题 3 解答】

典型情况：

预测工期＝原计划工期/SPI＝5/(74.25/65)≈4.38（个月），因此预测项目未来结束的时间是：在第 4.38 个月（大约 4 个月又 11.4 天）结束。

总成本 EAC＝BAC/CPI＝(12＋8＋20＋10＋3＋40＋3＋3＋2＋4)/(74.25/80)≈113.13（万元）。

目前状况主要是成本超支，相应的措施是：使用高性能的设备批量生产以降低成本；减少范围达到降低成本的目的；改进方法提升效率以降低成本；加强质量管理减少返工的概率；加强成本管理等。

2014 年下半年计算大题——视频讲解（扫描二维码直接观看）

➢ 2015 年上半年计算大题答案精析及视频讲解

【答案精析】

【问题 1 解答】

（1）关键路径：BDEG；工期：24 周。

（2）本例给出的进度计划图有时标网络图、横道图；还有单代号网络图、七格图、双代号网络图、甘特图、逻辑横道图、跟踪横道图、里程碑图等，都可以表示或一定程度上可以表示进度计划。

（3）任务 A 的总时差为 3 周、自由时差为 2 周；任务 D 的总时差为 0、自由时差为 0；任务 F 的总时差为 7 周、自由时差为 7 周。

（4）没有影响；因为任务 C 后面有任务 E 和任务 F，而任务 C 至任务 E 本身可以有 1 周时差，所以不影响任务 E；任务 C 至任务 F 虽没有时差，但任务 F 本身有 7 周的自由时差，所以也不影响任务 F；综上，不影响项目进度。

【问题 2 解答】

PV＝4＋10＋12＋4＋4＝34（万元）

EV＝4＋10＋12×75％＋4＋0＋6×50％＝30（万元）

AC＝3＋8＋16＋5＋0＋4＝36（万元）

CV＝EV－AC＝30－36＝－6（万元）

SV＝EV－PV＝30－34＝－4（万元）

CPI＝EV/AC＝30/36≈0.8333＝83.33％

SPI＝EV/PV＝30/34≈0.8824＝88.24％

【问题 3 解答】

CPI＝83.33％＜1，故成本超支；SPI＝88.24％＜1，故进度落后。

改进措施：赶工、快速跟进、使用高素质人员提升进度、减少范围、改进工作方法、加强进度管理和进度控制、加强成本管理和成本控制、加强质量管理减少返工概率等。

【问题 4 解答】

（1）完工预算 BAC＝4＋10＋12＋4＋8＋6＋10＝54（万元）。

（2）非典型：ETC＝BAC－EV＝54－30＝24（万元）；EAC＝ETC＋AC＝24＋36＝60（万元）。

2015 年上半年计算大题——视频讲解（扫描二维码直接观看）

➢ 2015 年下半年计算大题答案精析及视频讲解

【答案精析】

【问题 1 解答】

（1）关键路径 BGI；工期 120 天。

（2）压缩 20 天才能满足要求；可压缩的有：B、G、I、A、D、H。

（3）可以满足要求；有 3 条关键路径：BGI、ADH、ADI；关键路径上的活动有：B、G、I、A、D、H。

【问题 2 解答】

该项目绩效信息如下。

活动	PV/元	EV/元
A	20×180=3600	3600
B	30×220×2=13200	13200
C	6×150=900	900
D	20×240×2=9600	9600
E	10×180=1800	0
G	10×200×2=4000	4000
H	0	0
I	0	0
合计	33100	31300

【问题 3 解答】

CV=EV−AC=31300−40000=−8700（元）

SV=EV−PV=31300−33100=−1800（元）

CPI=EV/AC=31300/40000≈0.78

SPI=EV/PV=31300/33100≈0.95

当前绩效：成本超支、进度落后；改进措施：赶工、快速跟进、使用高素质人员提升进度、减少范围、改进工作方法、加强进度管理和进度控制、加强成本管理和成本控制、加强质量管理减少返工概率等。

【问题 4 解答】

BAC=1×180×20+2×220×30+1×150×6+2×240×40+1×180×10+2×200×40+2×100×40+2×150×30=71700（元）

ETC＝BAC－EV＝71700－31300＝40400（元）

EAC＝ETC＋AC＝40400＋40000＝80400（元）

2015 年下半年计算大题——视频讲解（扫描二维码直接观看）

➢ 2016年上半年计算大题答案精析及视频讲解

【答案精析】

【问题1解答】

关键路径：ABCDGJMN。

【问题2解答】

总工期：44天。

【问题3解答】

（1）关键路径上各活动的可压缩时间、用于压缩而增加的费用和每压缩1天增加的费用如下。

活动	正常工作		赶工工作		可压缩时间/天	用于压缩的费用/元	每压缩1天增加费用/元
	时间/天	费用/元	时间/天	费用/元			
A	2	1200	1	1500	1	300	300
B	4	2500	3	2700	1	200	200
C	10	5500	7	6400	3	900	300
D	4	3400	2	4100	2	700	350
E	7	1400	5	1600			
F	6	1900	4	2200			
G	5	1100	3	1400	2	300	150
H	6	9300	4	9900			
I	7	1300	5	1700			
J	8	4600	6	4800	2	200	100
K	2	300	1	400			
L	4	900	3	1000			
M	5	1800	3	2100	2	300	150
N	6	2600	3	2960	3	360	120

（2）大于38天的路径有：ABCDGJMN，44天；ABCDGJLN，43天；ABCEJMN，42天；ABCEJLN，41天。

由表格知：J、N赶工的日增加费用最低，其次是G、M，再次是B。那么：J压缩2天、N压缩3天可满足上述后3条路径的工期压缩要求。对于关键路径，则分两种情况：

1）因为G或M不能单独只压缩1天，则：压缩方案是：J压缩2天、N压缩3天、B压缩1天；增加的费用：200＋360＋200＝760元。

2）但是，如果G或M可以单独只压缩1天，则压缩方案是：J压缩2天、N压缩3天、G（或M）压缩1天；增加的费用：200＋360＋150＝710元。

2016年上半年计算大题——视频讲解（扫描二维码直接观看）

➢ 2016年下半年计算大题答案精析及视频讲解

【答案精析】

【分析】 应先画出普通的单代号网络图再分析。

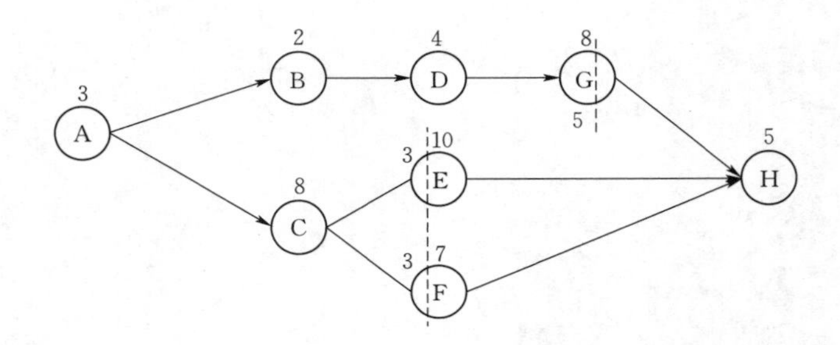

【问题1解答】

关键路径是：ACEH；工期是：26天。

【问题2解答】

（1）PV＝3×3×100＋2×1×200＋8×4×400＋4×3×100＋3×2×200＋3×1×200＋5×3×300＝21600（元）

EV＝3×3×100＋2×1×200＋8×4×400＋4×3×100＋5×2×200＋0×1×200＋4×3×300＝20900（元）

（2）AC＝12000（元）

CV＝EV－AC＝20900－12000＝8900（元）

SV＝EV－PV＝20900－21600＝－700（元）

因CPI＝EV/AC＝20900/12000＝1.742＞1，所以成本大幅度节约；因SV＜0，所以进度落后。

【问题3解答】

无影响。G虽拖延1天但有4天自由时差；F虽滞后3天但有3天自由时差。

【问题4解答】

从整体分析，成本大幅度节约，所以不用采取改善措施，属于典型情况。

（1）BAC＝9×100＋2×200＋32×400＋12×100＋20×200＋7×200＋24×300＋20×200＝31900（元）

ETC＝(BAC－EV)/CPI＝(BAC－EV)/(EV/AC)＝(31900－20900)/(20900/12000)＝6315.79（元）

EAC＝ETC＋AC＝6315.79＋12000＝18315.79（元）

（2）不会超出总预算；VAC＝BAC－EAC＝31900－18315.79＝13584.21（元）＞0。

2016 年下半年计算大题——视频讲解（扫描二维码直接观看）

➤ 2017 年上半年计算大题答案精析及视频讲解

【答案精析】

【问题 1 解答】

中期检查时：

PV＝4＋10＋10＝24（万元）

AC＝4＋11＋11＝26（万元）

EV＝PV×90％＝21.6（万元）

CPI＝EV/AC＝21.6/26≈0.8308＝83.08％

CV＝EV－AC＝21.6－26＝－4.4（万元）

SV＝EV－PV＝21.6－24＝－2.4（万元）

概要设计时：

EV＝21.6－(4＋4＋6＋6)＝1.6（万元）

PV＝4 万元

SPI＝EV/PV＝1.6/4＝0.4＝40％

【问题 2 解答】

按照当前绩效，意味着是没有改善，属于典型情况。

BAC＝4＋10＋10＋12＋12＋2＝50（万元）

ETC＝(BAC－EV)/CPI＝(50－21.6)/(21.6/26)≈34.1852（万元）

EAC＝ETC＋AC＝34.1852＋26＝60.1852（万元）

【问题 3 解答】

（1）需要采取成本纠正措施。

（2）可以采取的成本纠正措施有：使用高性能设备或高素质人员提高效率的同时间接节省成本；减少活动范围以减少工作量或降低活动要求；改善方法，含成本方法等；加强质量管理减少返工概率来节约成本、加强成本管理和成本控制等。

（3）题意说明了，完成进度计划的 90％，意味着，SPI＝90％（或也可以再计算：SPI＝EV/PV＝21.6/24＝0.9＝90％）和原计划进度相差 10％，属于正常，进度无需采取措施；而 CPI＝83.08％，和原计划成本相差 16.92％，大于 10％，所以，成本需要采取措施。

【问题 4 解答】

（1）对；（2）错；（3）错；（4）错；（5）对。

2017 年上半年计算大题——视频讲解（扫描二维码直接观看）

➢ 2017 年下半年计算大题答案精析及视频讲解

【答案精析】

【分析】 应先画出普通的单代号网络图再分析。

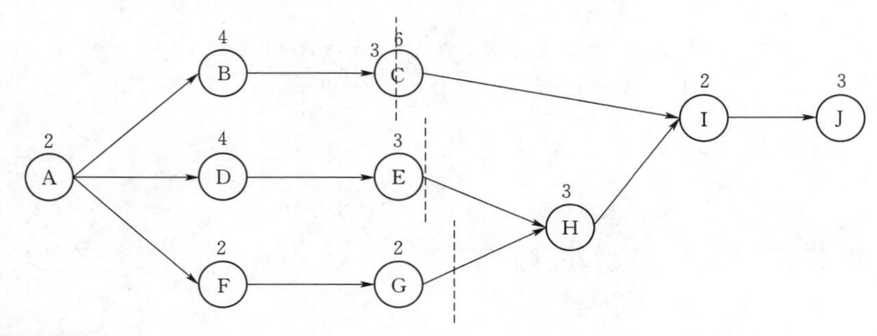

【问题 1 解答】

（1）H 的总浮动时间为 0，自由浮动时间为 0；G 的总浮动时间为 3 天，自由浮动时间为 3 天。

（2）关键路径有两条：ABCIJ；ADEHIJ。

（3）总工期：17 天。

【问题 2 解答】

（1）工期会受到影响。

（2）因为按原计划，如上图虚线检测线所示，E 应该在第 9 天结束时完成 100%，可实际上 E 只完成了 50%，而 E 是在关键路径上，故会影响工期。

【问题 3 解答】

（1）BAC＝2000＋3000＋5000＋3000＋2000＋2000＋2000＋3000＋2000＋3000＝27000（元）

（2）PV＝2000＋3000＋5000/2＋3000＋2000＋2000＋2000＝16500（元）

EV＝2000＋3000＋5000/2＋3000＋2000/2＋2000＋2000＝15500（元）

AC＝2000＋4000＋2000＋2500＋2000/2＋2000＋2000＝15500（元）

CPI＝EV/AC＝15500/15500＝1

SPI＝EV/PV＝15500/16500≈0.939

【问题 4 解答】

有改进，属于非典型：EAC＝BAC－EV＋AC＝27000－15500＋15500＝27000（元）。

2017 年下半年计算大题——视频讲解（扫描二维码直接观看）

➢ 2018 年上半年计算大题答案精析及视频讲解

【答案精析】

【分析】 应先画出普通的单代号网络图再分析。

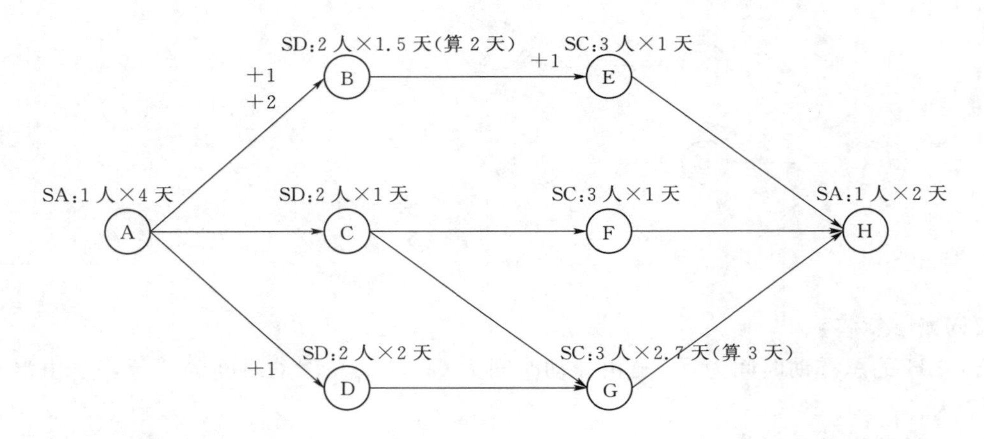

【上图数字的解析】

B 前面“+1”，表示 B 延迟 1 天，等待 C 做完；B 延迟，意思是：A 做完时，B 不能马上开始，因为没有资源（SD）。C 占用资源了，要等。

D 前面“+1”，表示 D 延迟 1 天，等待 C 做完；D 延迟，意思是：A 做完时，D 不能马上开始，因为没有资源（SD）。C 占用资源了，要等。

B 前面“+2”，表示 B 延迟 2 天，等待 D 做完；B 延迟，意思是：A 做完时，B 不能马上开始，因为还是没有资源（SD），D 占用资源了，要等。

E 前面“+1”，表示 E 延迟 1 天，等待 G 做完。因为，D 做完的时候，G 和 B 同时做。B 才用 2 天，而 G 需要 3 天。因此，B 做完不能马上做 E，G 还差 1 天才能做完，做完后才有资源（SC）。

因此，ABEH+1+2+1，这才是关键路径！

【问题 1 解答】

- A 结束后，先投入（2）个 SD 完成 C，需要（1）天。
- C 结束后，再投入（2）个 SD 完成 D，需要（2）天。
- C 结束后，投入（3）个 SC 完成（F），需要（1）天。
- D 结束后，投入 SD 完成 B。
- C、D 结束后，投入（3）个 SC 完成 G，需要（3）天。
- G 结束后，投入（3）个 SC 完成 E，需要 1 天。
- E、F、G 完成后，投入 1 个 SA 完成 H，需要 2 天。
- 项目总工期为（13）天。

【问题 2 解答】

（1）增加资源 SA，增加 1 人。

此时，活动 A 只需 2 天，即，SA：2 人×2 天，比原来（1 人×4 天）减少了 2 天；活动 H 只需 1 天，即，SA：2 人×1 天，比原来（1 人×2 天）减少了 1 天。总共减少了 3 天，能满足 10 天的工期要求。

（2）成本减少了；减少了 4900 元。

原成本是：（500×1＋500×2＋600×3）×13＝42900（元）

新成本是：（500×2＋500×2＋600×3）×10＝38000（元）

42900－38000＝4900（元）

（注：只要人在团队当中，就算不干活也拿工资，是按工期的天数拿工资的。）

【问题 3 解答】

（1）错；（2）错；（3）对。

2018 年上半年计算大题——视频讲解（扫描二维码直接观看）

➢ 2018 年下半年计算大题答案精析及视频讲解

【答案精析】

【分析】 应先画出普通的单代号网络图再分析。

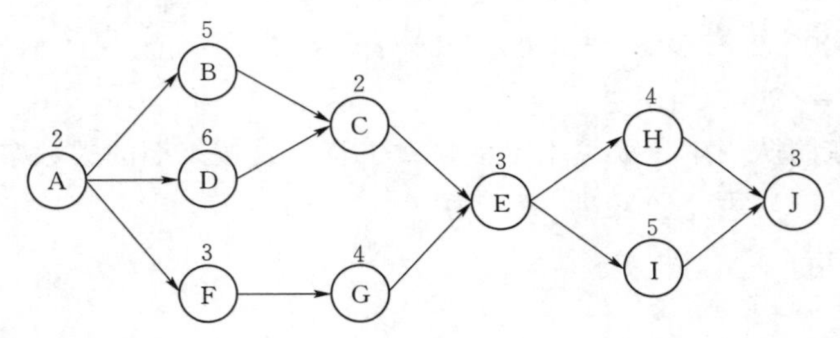

【问题 1 解答】

(1) 关键路线路径是：ADCEIJ；总工期是：21 天。

(2) E 的总浮动时间为 0、自由浮动时间为 0；G 的总浮动时间为 1 天、自由浮动时间为 1 天。

【问题 2 解答】

压缩 1 天可以让 3 条路径减少工期，D 再压缩 1 天，则可以满足全部路径。因此，费用最少的压缩方案是：D、I 各压缩 1 天；增加的费用为 2500＋3000＝5500（元）。若压缩 B 时间，则增加的费用更高。

【问题 3 解答】

依次是：强制性依赖关系、选择性依赖关系、外部依赖关系、内部依赖关系。

【问题 4 解答】

(1) BAC 不包含管理储备，所以：BAC＝20－2＝18（万元）。

(2) 无论是 EV、PV、AC 等，都是跟时间检测点有关，本题的时间检测点是"某一天时"。在当时完成的工作量，应该是当时计划工作量（PV）的 60%，所以：

EV＝PV×60%＝12×60%＝7.2（万元）；

CV＝EV－AC＝7.2－10＝－2.8（万元），成本超支；

SV＝EV－PV＝7.2－12＝－4.8（万元），进度落后。

(3)"在当前绩效的情况下"，意味着是典型情况，所以：

ETC＝(BAC－EV)/CPI＝(BAC－EV)/(EV/AC)＝(18－7.2)/(7.2/10)＝15（万元）。

2018 年下半年计算大题——视频讲解（扫描二维码直接观看）

➢ 2019 年上半年计算大题答案精析及视频讲解

【答案精析】

【问题 1 解答】

最短工期是：10＋3＋1＋2＋2＋2＝20（天）

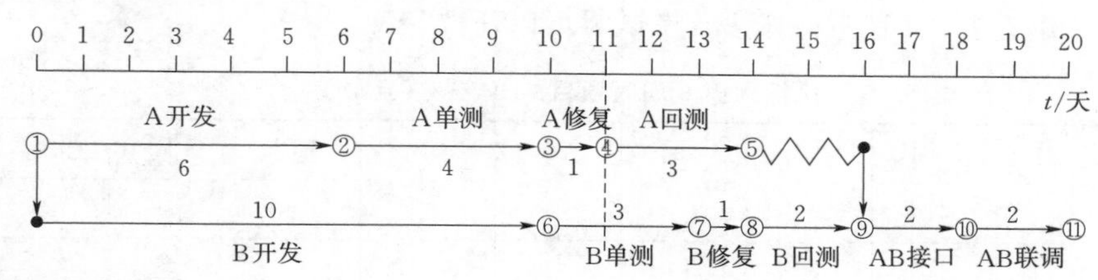

【问题 2 解答】

（1）PV＝(4.8＋0.4＋0.8)×10000＋(8＋0.3/3)×10000＝141000（元）

EV＝(4.8＋0.4＋0.8/2)×10000＋8×10000＝136000（元）

AC＝180000（元）

CV＝EV－AC＝(13.6－18)×10000＝－44000（元）

SV＝EV－PV＝(13.6－14.1)×10000＝－5000（元）

故进度落后；成本超支。

SPI＝EV/PV＝13.6/14.1≈0.96

CPI＝EV/AC＝13.6/18≈0.76

（2）典型：

ETC＝(BAC－EV)/CPI＝(4.8＋0.4＋0.8＋0.3＋8＋0.3＋1＋0.2＋0.2＋0.4－13.6)×10000/(13.6/18)≈37059（元）

【问题 3 解答】

（1）赶工，投入更多的资源或增加工作时间，以缩短关键活动的工期。

（2）快速跟进，并行施工，以缩短关键路径的长度。

（3）使用高素质的资源或经验更丰富的人员。

（4）减小活动范围或降低活动要求。

（5）改进方法或技术，以提高生产效率。

（6）加强质量管理，及时发现问题，减少返工，从而缩短工期。

2019 年上半年计算大题——视频讲解（扫描二维码直接观看）

➢ 2019年下半年计算大题答案精析及视频讲解

【答案精析】

【分析】 注意题干中表3，是“任务完成百分比”，是累加值；而不是“当周计划的百分比”。

【问题1解答】 （有两种算法，考试时可以任选一种）

执行到第6周时项目的EV表（累加值） 单位：万元

任务	1周	2周	3周	4周	5周	6周	7周	8周	9周	10周
A	9	15	30							
B		10	25	50						
C				2	4	16				
D					4	8				
E										
合计	9	25	55	82	88	104				

注 因为是累加值，所以82万元是考虑了任务A再累加；88万元和104万元是考虑了任务A和任务B再累加。

执行到第6周时项目的EV表（当周的EV值，不累加） 单位：万元

任务	1周	2周	3周	4周	5周	6周	7周	8周	9周	10周
A	9	6	15							
B		10	15	25						
C				2	2	12				
D					4	4				
E										
合计	9	16	30	27	6	16				

【问题2解答】

（1）EAC(A)＝AC(A)＝10＋14＋10＝34（万元）（因为A已经全部完成，所以取实际发生的成本）

EAC(B)＝AC(B)＝10＋14＋20＝44（万元）（因为B已经全部完成，所以取实际发生的成本）

EAC(C)＝ETC＋AC＝(BAC－EV)＋AC＝(40－16)＋20＝44（万元）（C是非典型）

EAC(D)＝ETC＋AC＝(BAC－EV)/CPI＋AC＝(40－8)/(8/13)＋13＝65（万元）（D是典型）

EAC(E)＝PV(E)＝5＋20＋25＝50（万元）（因为E完全没做，所以按照原计划的预算）

EAC(项目)＝EAC(A)＋EAC(B)＋EAC(C)＋EAC(D)＋EAC(E)＝34＋44＋44＋65＋50＝237（万元）

（2）EV＝9＋16＋30＋27＋6＋16＝104（万元）

PV＝10＋25＋25＋25＋10＋40＝135（万元）

AC＝10＋24＋24＋25＋10＋18＝111（万元）

SV＝EV－PV＝104－135＝－31（万元）＜0，故进度落后

CV＝EV－AC＝104－111＝－7（万元）＜0，故成本超支

【问题3解答】

（1）赶工，投入更多的资源或增加工作时间，以缩短关键活动的工期。

（2）快速跟进，并行施工，以缩短关键路径的长度。

（3）使用高素质的资源或经验更丰富的人员。

（4）减小活动范围或降低活动要求。

（5）改进方法或技术，以提高生产效率。

（6）加强质量管理，及时发现问题，减少返工，从而缩短工期。

2019年下半年计算大题——视频讲解（扫描二维码直接观看）

➢ 2020 年下半年计算大题答案精析及视频讲解

【答案精析】

【分析】 （1）项目总预算为 52000 元，而所有活动的成本预算之和即完工预算也为 52000 元，可知：本题题目描述有误，题干中的“项目总预算”应为“完工预算”才更准确！但是也可以理解成，本题的项目没有管理储备。

（2）实际进度，到底是成本预算的百分比，还是计划成本的百分比？题意之中，C 活动刚刚开始，那就意味着：不可能是 10000 元的 50%！而是 5800 元的 50%即 2900 元，2900 元相比于 10000 元才符合“刚刚开始”的题意！所以，实际进度只能是计划成本的百分比。

【问题 1 解答】

EV(A)＝25000×100%＝25000（元）

EV(B)＝9000×50%＝4500（元）

EV(C)＝5800×50%＝2900（元）

EV(D)＝0

EV＝25000＋4500＋2900＝32400（元）

PV＝25000＋9000＋5800＝39800（元）

AC＝25500＋5400＋1100＝32000（元）

SV＝EV－PV＝32400－39800＝－7400（元）＜0，故进度落后

CV＝EV－AC＝32400－32000＝400（元）＞0，故成本节省

【问题 2 解答】

快速跟进，由于把本来有依赖关系的串行活动改成并行活动，因此会造成：

（1）资源分配不足。

（2）质量没达到要求，容易造成返工。

（3）投入更多的管理成本。

（4）上述几点，会增加项目风险。

【问题 3 解答】

EAC＝ETC＋AC＝（BAC－EV）/CPI＋AC＝（52000－32400）/（32400/32000）＋32000≈51358.02（元）

或

EAC＝BAC/CPI＝52000/（32400/32000）≈51358.02（元）

【问题 4 解答】

C 活动工期的数学期望（三点估算贝塔分布值）μ＝(14＋20×4＋32)/6＝21（天）

C 活动工期的标准差 σ＝(32－14)/6＝3（天）

根据 C 活动工期的数学期望和标准差，可作图如下：

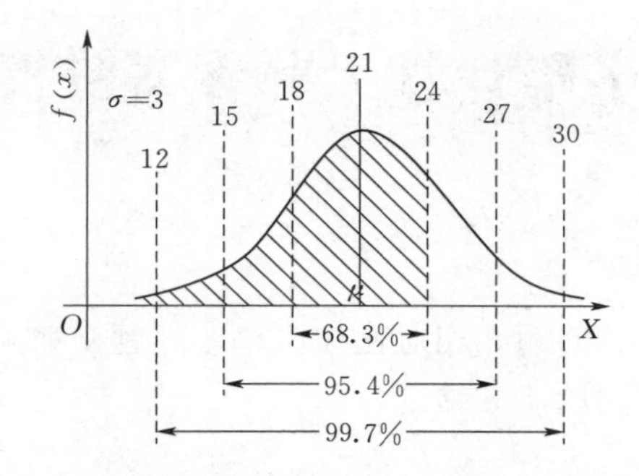

C 活动 24 天完成的概率为上图阴影部分的面积之和，即 50%＋68.3%/2＝84.15%。

2020 年下半年计算大题——视频讲解（扫描二维码直接观看）

➢ 2021 年上半年计算大题答案精析及视频讲解

【答案精析】

【分析】问题 1、问题 2、问题 3 相对比较简单；问题 4 和问题 5 需要动些脑筋，并且要细心；其中问题 5 要用到问题 4 的结论。

【问题 1 解答】

关键路径是：ADFH；AEGH。

【问题 2 解答】

(1) 工期是 25 天。

(2) 所需成本是：14900＋25×500＝27400（元）。

【问题 3 解答】

(1) 工期增加到 27 天。

(2) 工期不受影响。

(3) 工期减少到 24 天。

【问题 4 分析】

提前 1 天完工，有 6 种方案可选，即：①A 压 1 天；②H 压 1 天；③DE 各压 1 天；④DG 各压 1 天；⑤FE 各压 1 天；⑥FG 各压 1 天。

需要成本最优，那么对比上述 6 种方案，发现方案①、②、④成本最低，见下表。

压缩方案	压缩引起的成本增加/元	压缩方案	压缩引起的成本增加/元
①A 压 1 天	400	④DG 各压 1 天	400
②H 压 1 天	400	⑤FE 各压 1 天	800
③DE 各压 1 天	600	⑥FG 各压 1 天	600

因此，方案①、②、④三选一均可。

【问题 4 解答】

(1) 针对 A、H 或 DG 进行赶工，即 A 压 1 天、H 压 1 天或 DG 各压 1 天。

(2) 赶工后的成本：(14900＋400) ＋ (25－1) ×500＝27300（元）。

【问题 5 分析】

利用问题 4 的结论：每压缩 1 天，还能节省 100 元！因此，把压缩成本少于间接成本 500 元的，都尽可能压缩（主要思想就是：赶工的成本只要低于间接成本 500 元，压缩就是最优）。即：A 压 2 天节省 200 元；H 压 1 天节省 100 元；DG 各压 1 天省 100 元。注：A 不能压 3 天，因为此时关键路径变化了，对缩短工期无益反而无谓地增加成本；如果 A 压 3 天想继续缩短工期还必须压缩 B 或 C，但是压缩成本高于间接管理费 500 元，不划算，不是成本最优。

【问题5解答】

（1）赶工的活动：A压2天，H压1天，DG各压1天；工期分别是：A，8天；H，4天；D，3天，G，4天。

（2）赶工（压缩）之后的项目工期：21天。

（3）赶工（压缩）之后的项目成本：（14900＋4×400）＋（25－4）×500＝27000（元）。

2021年上半年计算大题——视频讲解（扫描二维码直接观看）

➢ 2021年下半年计算大题答案精析及视频讲解

【答案精析】

【问题1解答】 如下图所示。

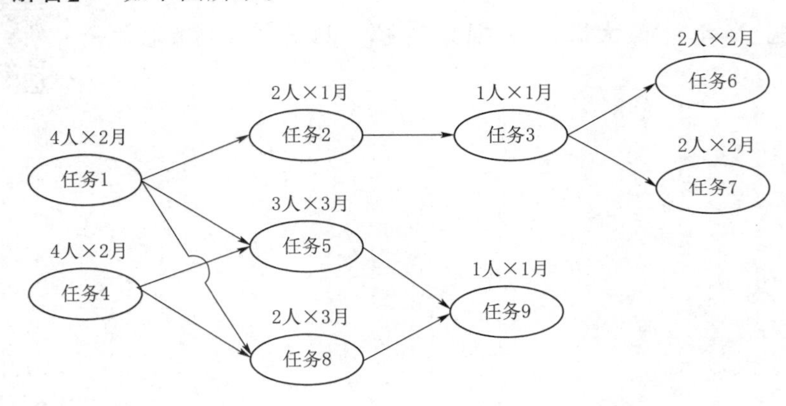

【问题2解答】

(1) 9人。

(2) 不可行，因为没有自由时差可以利用。

【问题3分析】 从题意出发，本题有3种解读方向。但由于题目本身的原因，每种解读方向都存在一点bug。在考场上，可以“分类讨论”的方式，把3种解读方式都写出来。并且，为了方便阅卷员阅卷，最好以表格的形式列举出来。这样确保不会被扣分！

【问题3解答】 见下表。(AC均为200万元)

情　形	1月底的PV、EV/万元	bug
Case1：任务表1以工作物理量为单位(比如修路，任务是以长度“公里”计，而不是以资金计)	PV＝400、EV＝470	任务不以资金计，虽能完全解释清楚题意，但不符合常规表达习惯
Case2：以表2的400＋700为依据	PV＝550、EV＝605	资金投入不一致，与题意矛盾
Case3：以表2的400为依据	PV＝400、EV＝440	资金投入不一致，与题意矛盾

Case1：EV＝200＋200＋350×(1/5)＝470(万元)，其中350×(1/5)是2月的物理量价值；1月的物理量做完了，再做就只能做2月的。可以理解成，1月和2月的物理量相同，但是价值不同。(笔者倾向于Case1，因为能完全解释清楚题目的意思)

Case2：EV＝275＋275＋275×(1/5)＝605(万元)。

3种情形的AC均为200万元。

【问题4解答】

(1) 基于项目整体(总预算)的绩效：

SPI＝1（SV＝0），进度符合预期。

EV（总预算）＝400＋700＝1100（万元）＝PV

AC（总预算）＝200＋700＝900（万元）

CPI（总预算）＝EV/AC＝1100/900≈1.22，成本节省。

（2）基于财政资金和自筹资金的绩效：

EV（财政资金预算）＝200＋300＝500（万元）；AC（财政资金预算）＝100（万元），CPI（财政）＝500/100＝5>>1。

EV（自筹资金预算）＝200＋400＝600（万元）；AC（自筹资金预算）＝800（万元），CPI（自筹）＝600/800＝0.75<1。

在1月和2月，财政资金财务绩效和整体成本绩效良好。

2021年下半年计算大题——视频讲解（扫描二维码直接观看）

➤ 2022年上半年计算大题答案精析及视频讲解

【答案精析】

【问题1分析】 既然表格里已经为每个活动安排了预算，为什么还要考生“计算每个活动的成本”？可以理解成：表格的预算是初步的、粗略的预算，还需要考生根据每个活动按“人·天”重新分配预算。

【问题1解答】

(1) A的β工期=（1+4×4+7）/6=4（天）

B的β工期=（12+14×4+22）/6=15（天）

C的β工期=（13+14×4+21）/6=15（天）

D的β工期=（8+9×4+16）/6=10（天）

E的β工期=（10+17×4+18）/6=16（天）

F的β工期=（6+7×4+8）/6=7（天）

G的β工期=（5+8×4+11）/6=8（天）

H的β工期=（9+16×4+17）/6=15（天）

I的β工期=（3+5×4+7）/6=5（天）

项目预算=0.6+6.3+10.4+24.7+10.2+5.1+10.6+15.7+3=86.6（万元）

项目工作量=6×4+15×15+13×15+17×10+18×16+9×7+12×8+20×15+10×5=1411（人·天）

各活动的成本按“人·天”分配，则：

A的活动成本=6×4×86.6/1411=1.47（万元）

B的活动成本=15×15×86.6/1411=13.81（万元）

C的活动成本=13×15×86.6/1411=11.97（万元）

D的活动成本=17×10×86.6/1411=10.43（万元）

E的活动成本=18×16×86.6/1411=17.68（万元）

F的活动成本=9×7×86.6/1411=3.87（万元）

G的活动成本=12×8×86.6/1411=5.89（万元）

H的活动成本=20×15×86.6/1411=18.41（万元）

I的活动成本=10×5×86.6/1411=3.07（万元）

时标网络图如下图所示。

(2) 20人。因为根据时标网络图，F的工作量是9人×7天=63人·天，但是F有1天的自由时差，因此，充分利用自由时差，可以8人干7.875天，即8人×7.875天=63人·天。因此，项目实施需要的最少人数是20人。

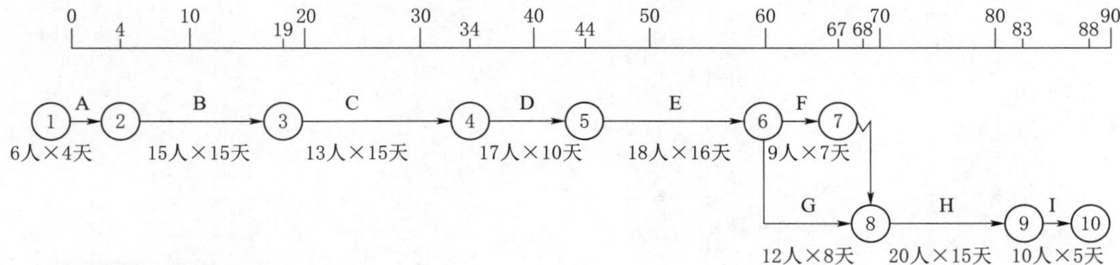

【问题 2 解答】

关键路径：ABCDEGHI。

工期 88 天。

【问题 3 分析】 依上下文，“假设项目每项活动的日工作量相同”应是指“1 人·天”的工作量相同。但是题目括号里刻意提示的描述，有点欠严谨。

【问题 3 解答】

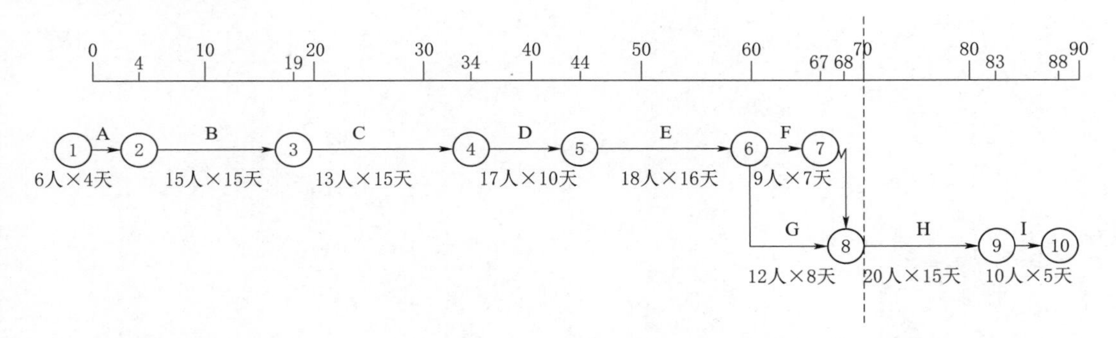

根据以上时标网络图可知，按计划，G 完成是在第 68 天。因此第 70 天时，H 理应已经干了 2 天，工作量是 20 人×2 天。

此时，对于原计划的全部工作量来说，理应只剩下（H 的 20 人×13 天）＋（I 的 10 人×5 天）。

PV＝｛［1411－（20×13＋10×5）］÷1411｝×86.6＝67.57≈68（万元）

EV＝86.6×（3/4）＝64.95≈65（万元）

SV＝EV－PV＝65－68＝－3（万元）

CV＝EV－AC＝65－60＝5（万元）

【问题 4 解答】

SV＝EV－PV＝65－68＝－3（万元）＜0，进度落后。

CV＝EV－AC＝65－60＝5（万元）＞0，成本节约。

项目经理可采取的措施：适当赶工或快速跟进、使用高素质的人员或设备资源、适当减少不必要的工作范围，以求得追赶进度，并且加强质量管理。

2022 年上半年计算大题——视频讲解（扫描二维码直接观看）

第三部分

信息系统项目管理师
案例和论文常见考点与战略信心

案例题常见考点

在考试当中，广义的案例题除了本书前面介绍的计算大题之外，纯文字部分常见的考点或知识模块主要有立项管理、招投标、合同管理、采购管理、整体管理、范围管理、变更管理、配置管理、收尾管理、质量管理、风险管理、人力资源管理、沟通管理、干系人管理、信息系统相关知识及服务管理、其他综合类。

显而易见，这些知识模块，都是信息化、信息系统、信息安全管理、项目管理的知识内容，是选择题考点的另一种形式的再现。比如：

（1）简述风险应对的常用措施。

（2）简述成功团队的特征。

（3）简述可行性分析的内容。

（4）规划质量管理的输入是什么？

（5）规划质量管理的输出是什么？

（6）风险控制的内容是什么？

……

其他，比如，《系统集成项目管理工程师教程》（第二版）第 23 章（第 612～655 页）。

所以，在这里的第三部分（案例题常见考点与答题技巧）的内容，主要体现在答题技巧方面。

案例题战略信心

案例题由于是主观题，所以并不见得所有的问题都有标准答案。案例的材料当中，往往会给出一两段文字，在这两段文字里，描述了项目经理做项目的一些具体操作，但是这些操作都是不规范的、有问题的，同时也都是显而易见的问题。然后会给出问题：

（1）项目经理张三在项目××管理中存在哪些问题？

（2）项目经理张三正确的做法应该怎么做？

（3）一些教材上背诵的知识点（如，成功团队的特征是什么等）。

除了每个题目有6～8分完全按照教材上背诵的知识点之外，其余的问题，都是很主观的。这里，从6个角度介绍案例题的一些答题技巧。

1.【人】知识、意识、水平、经验

（1）张三在项目管理方面特别是××管理方面，缺乏理论知识、缺乏运用科学管理手段来管理项目的意识、缺乏项目管理的相关经验。

（2）张三应该加强项目管理方面特别是××管理方面的理论知识学习、提高运用科学管理手段来管理项目的意识，同时注意不断实践，积累项目管理的经验。

2.【过程】47个过程，如，建设项目团队、管理沟通、识别干系人……

（1）张三在项目管理当中，缺乏一些必要的过程：没有进行建设项目团队、没有识别干系人……

（2）张三在项目管理当中，应该积极地进行一些必要的过程：建设项目团队、识别干系人……

3.【工具与技术】如，责任分配矩阵、干系人参与评估矩阵、配置审计、采购审计、风险审计、质量审计……

（1）张三没有充分运用责任分配矩阵、干系人参与评估矩阵、配置审计、采购审计、风险审计、质量审计……

（2）张三应该充分运用责任分配矩阵、干系人参与评估矩阵、配置审计、采购审计、风险审计、质量审计……

4.【重要的项目文件】如，风险登记册、干系人登记册、问题日志、资源日历、项目日历、里程碑清单……

（1）张三没有形成风险登记册、干系人登记册、问题日志、资源日历、项目日历、里程碑清单等必要的项目文件。

（2）张三应该形成风险登记册、干系人登记册、问题日志、资源日历、项目日历、里程碑清单等必要的项目文件。

5.【流程】如，变更的流程、WBS分解的流程（步骤）、成本估算的流程（步骤）、成本预算的流程（步骤）、合同索赔的流程……

（1）张三没有遵循变更的流程、WBS分解的流程（步骤）、成本估算的流程（步骤）、成本预算的流程（步骤）、合同索赔的流程……

（2）张三应该遵循变更的流程、WBS分解的流程（步骤）、成本估算的流程（步骤）、成本预算的流程（步骤）、合同索赔的流程……

6.【当小作文自由发挥】紧密结合材料用自己的话展开……

案例常见考点与战略信心——视频讲解（扫描二维码直接观看）

论文常见考点

在考试当中，论文常见的考点或知识模块主要有进度管理、成本管理、风险管理、整体管理、范围管理、质量管理、人力资源管理、沟通管理。

考试的时候，是给两个领域（如：进度管理、风险管理），任选1个来写。这8个，即进度管理、成本管理、风险管理、整体管理、范围管理（或需求管理）、质量管理、人力资源管理、沟通管理是经常考的。

通常，大部分考生平时会在这8个领域里选3～5个来练习。

另外，绩效管理、安全管理、立项（可行性分析）也有考过。但是绩效管理其实是进度、成本、质量等领域的组合而已；安全管理其实是风险管理的变种，也是以风险管理为主体；如果考干系人管理则是以沟通管理为主体再结合干系人。立项管理、采购管理也有考过，但考得很少，套路和道理也都差不多。

考试要求：

（1）字数：不低于2500字（2小时）。

（2）结构合理。

（3）能体现出运用项目管理知识解决实际问题的能力。

论 文 战 略 信 心

软考论文，就难度而言，其实不能称之为论文，类似于应试作文。学习下方视频，即可从战略上快速建立必胜的信心！

论文常见考点与战略信心——视频讲解（扫描二维码直接观看）